人民交通出版社“十一五
高职高专土建类专业规划教材

建筑制图习题集

主　编　夏文杰　王　强
副主编　吕淑珍　张　波

人民交通出版社
China Communications Press

图书在版编目（CIP）数据

建筑制图习题集 / 夏文杰等主编 . —北京：人民交通出版社，2007.10

ISBN 978-7-114-06885-0

Ⅰ. 建…　Ⅱ. 夏…　Ⅲ. 建筑制图 – 高等学校 – 习题　Ⅳ. TU204 - 44

中国版本图书馆 CIP 数据核字（2007）第 162907 号

书　　名：建筑制图习题集
著 作 者：夏文杰　王　强
责任编辑：陈志敏　邵　江
出版发行：人民交通出版社
地　　址：（100011）北京市朝阳区安定门外外馆斜街 3 号
网　　址：http://www.ccpress.com.cn
销售电话：（010）59757973
总 经 销：人民交通出版社股份有限公司发行部
经　　销：各地新华书店
印　　刷：北京市密东印刷有限公司
开　　本：787×1092　1/8
印　　张：21
版　　次：2007 年 11 月　第 1 版
印　　次：2018 年 5 月　第 11 次印刷
书　　号：ISBN 978-7-114-06885-0
定　　价：38. 00 元

高职高专土建类专业规划教材编审委员会

高职高专土建类专业规划教材出版说明

近年来我国职业教育蓬勃发展，教育教学改革不断深化，国家对职业教育的重视达到前所未有的高度。为了贯彻落实《国务院关于大力发展职业教育的决定》的精神，提高我国土建领域的职业教育水平，培养出适应新时期职业需要的高素质人才，人民交通出版社深入调研，周密组织，在全国高职高专教育土建类专业教学指导委员会的热情鼓励和悉心指导下，发起并组织了全国四十余所院校一大批骨干教师，编写出版本系列教材。

本套教材以《高等职业教育土建类专业教育标准和培养方案》为纲，结合专业建设、课程建设和教育教学改革成果，在广泛调查和研讨的基础上进行规划和展开编写工作，重点突出企业参与和实践能力、职业技能的培养，推进教材立体化开发，鼓励教材创新，教材组委会、编审委员会、编写与审稿人员全力以赴，为打造特色鲜明的优质教材做出了不懈努力，希望以此能够推动高职土建类专业的教材建设。

本系列教材先期推出建筑工程技术、工程监理和工程造价三个土建类专业共计四十余种主辅教材，随后在2～3年内全面推出土建大类中7类方向的全部专业教材，最终出版一套体系完整、特色鲜明的优秀高职高专土建类专业教材。

本系列教材适用于高职高专院校、成人高校及二级职业技术学院、继续教育学院和民办高校的土建类各专业使用，也可作为相关从业人员的培训教材。

人民交通出版社

2007年1月

前　言

本习题集与王强等主编的《建筑制图》一书配套使用，可供高职高专建筑工程、给排水、道路桥隧、水利工程等方面的各类专业学生使用，也可供函授大学、电视大学等有关专业学生选用和参考。

建筑制图是一门实践性很强的课程，习题和作业是实践性环节的重要内容，其目的是帮助学生消化、巩固基础理论和基本知识，训练基本技能，并与教材相配合，由浅入深地学会运用基础理论、基本知识处理实际问题，逐步提高绘图和读图能力。为了便于教学，本习题集的编排顺序与相配套的教材《建筑制图》一致。习题和作业有一定的余量，且为教材中对教学基本要求所规定的必学内容的加深加宽部分和选学内容也编写了一些习题和作业。因此，在保证本课程教学基本要求的前提下，教师可根据专业和学时的不同，按实际情况取舍，也可另作适当的补充。

参加本书编写工作的有：济南工程职业技术学院夏文杰，北京工业职业技术学院王强、张波及张贵国，浙江广厦建设职业技术学院吕淑珍及金梅珍，九州职业技术学院毛燕红等。由夏文杰、王强担任主编，吕淑珍、张波担任副主编。

我们主观上希望尽最大努力编好这本习题集，但限于我们的水平，难免存在许多不足之处，恳请使用这本习题集的广大师生批评指正。

编　者

2007 年 8 月

目　录

第1章　制图的基本知识与技能

1-1 字体练习

0123456789　ABCDEFGHIJKLMNOPQRS　abcdefghijklmnopqrstuvwxyz

长仿宋体比例尺寸平面剖立图结构混凝土材料钢筋轴线墙体基础梁柱

班级:　学号:　姓名:　审阅:

板砂石门窗水泥标准砖砌块标高建筑物设计年月日审核施工说明技术

细部房屋层地楼梯一二三四五六七八九十材料钢筋轴线墙体基础梁柱

班级:　学号:　姓名:　审阅:

1. 在图线右方的空白处画出图示的图线，注意线宽和线型。

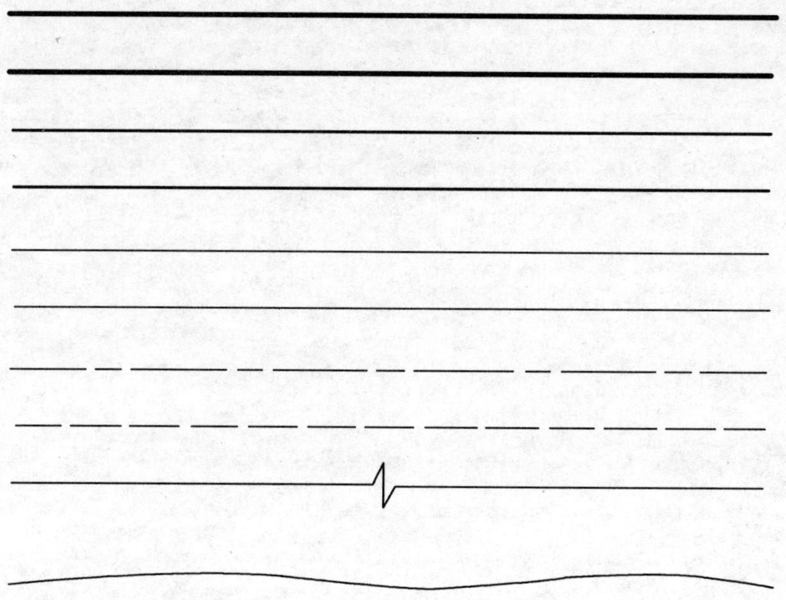

2. 对下面的梁的断面图进行尺寸标注。

3. 找出下面尺寸标注的错误，并按照原来的尺寸数字在右图正确标注。

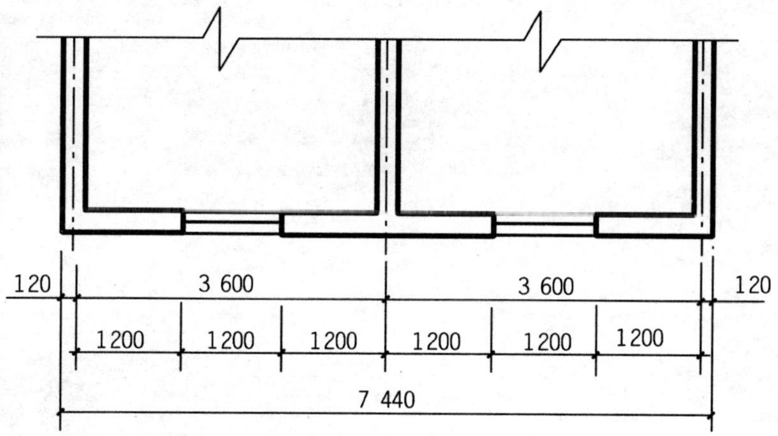

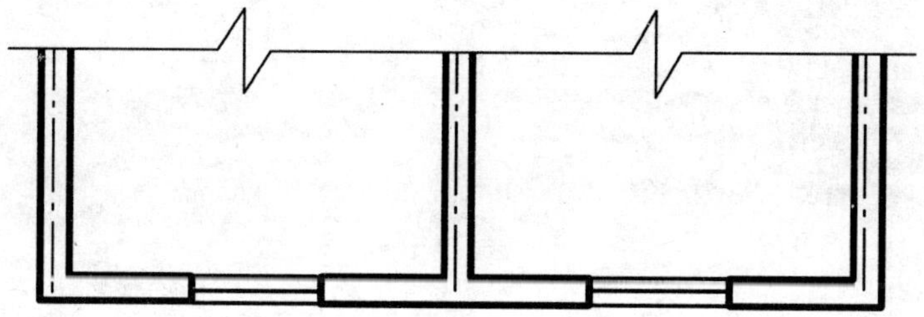

4. 对下图所示的基础剖面示意图进行尺寸标注。

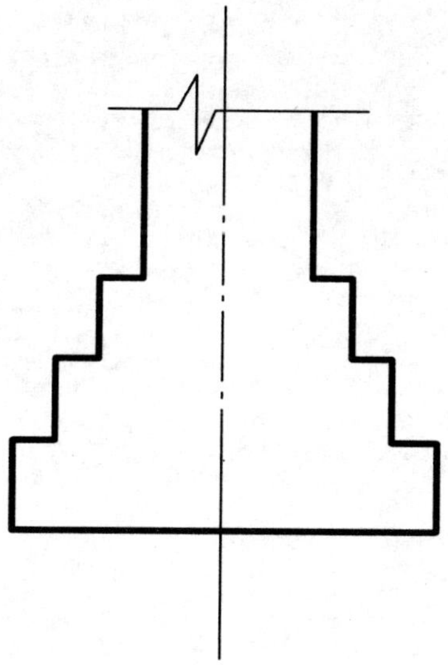

 班级: 学号: 姓名: 审阅:

1.用几何作图法画直径为35mm的圆内接正五边形。

2.按照下面的尺寸标注，1∶5的比例抄绘下面的平面图形，并进行尺寸标注。

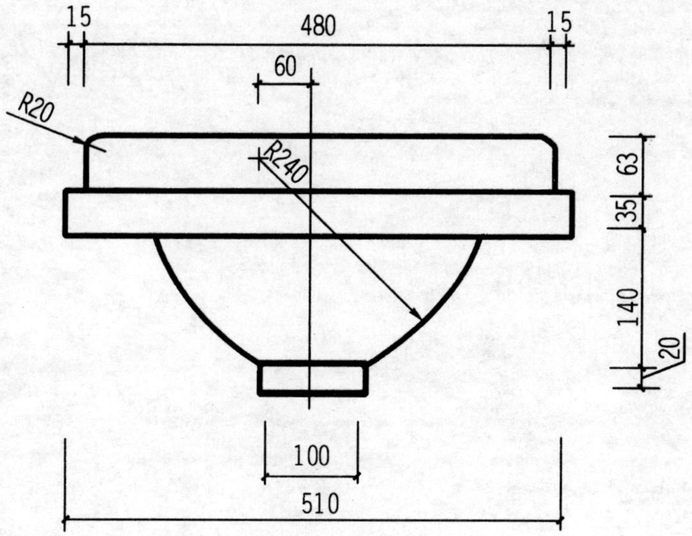

3.按照图示尺寸标注和1∶1的比例抄绘下面的平面图形。

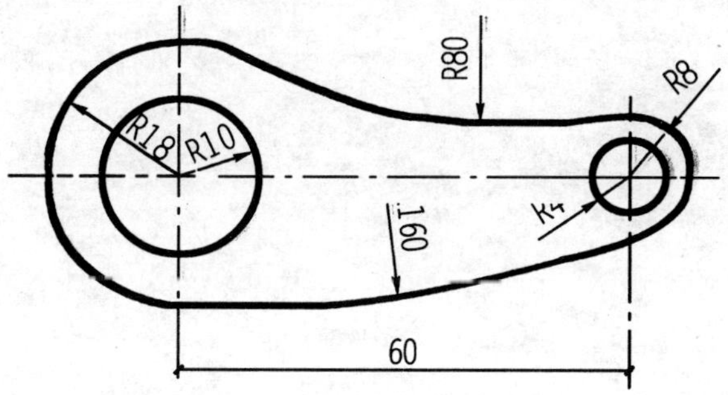

4.按照1∶1的比例抄绘下面的平面图形（画出的图形应比原图大），并标注尺寸。分析图中的圆弧连接线段，回答下面的问题。

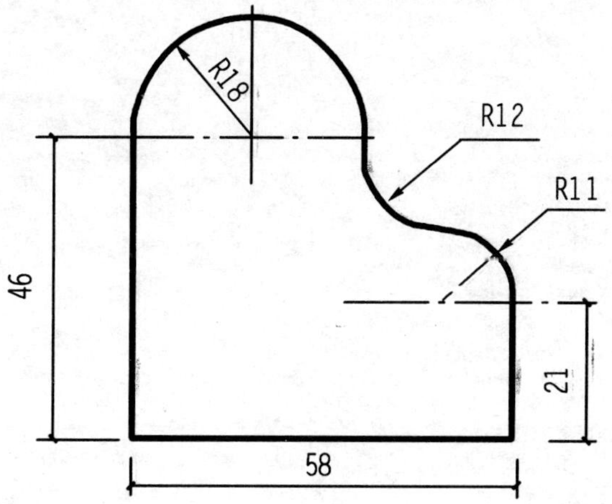

在上面的平面图形中：　R18的圆弧是______线段；
R12的圆弧是______线段；
R10的圆弧是______线段。

　班级：　学号：　姓名：　审阅：

第2章　投影的基本知识

1.识图练习，根据物体的轴测投影图找到相对应的三面正投影图，并在三面正投影图下面的括号里写出对应的题号。

(a)

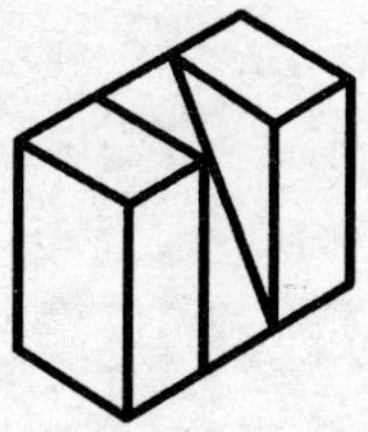
(b)

(c)

(d)

(e)

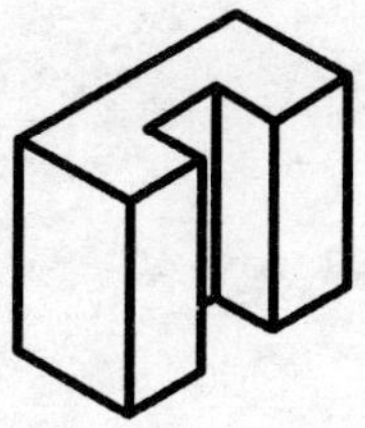
(f)

(g)

(h)

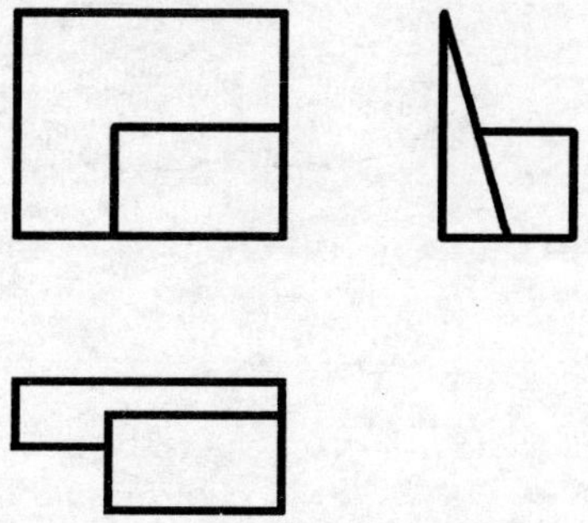
(　)

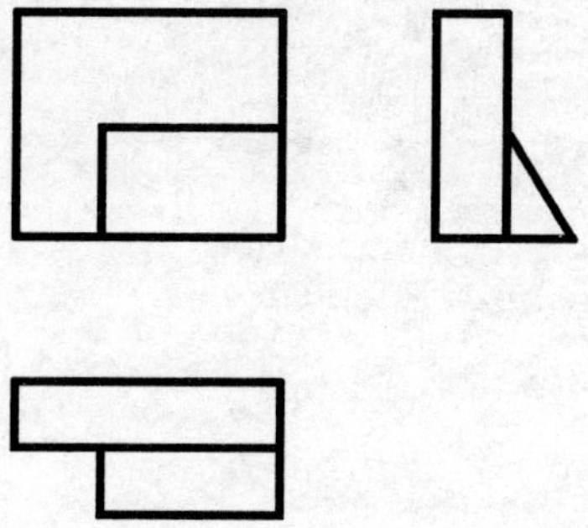
(　)

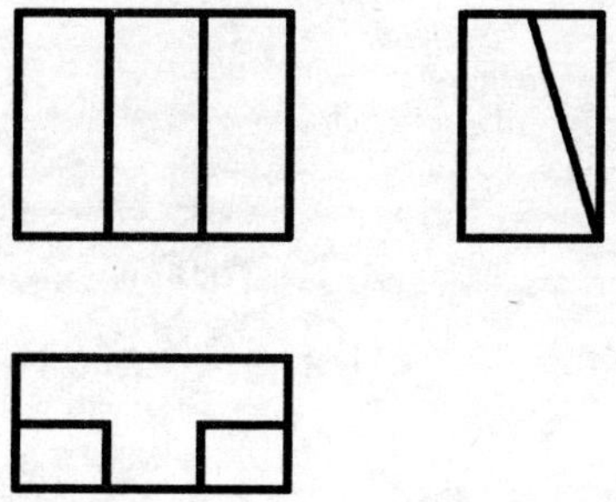
(　)

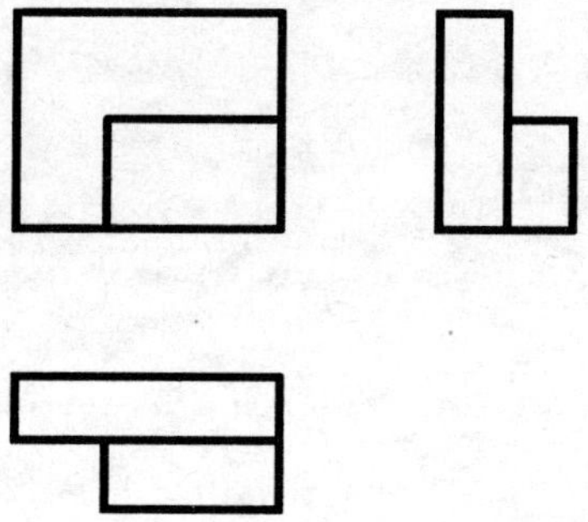
(　)

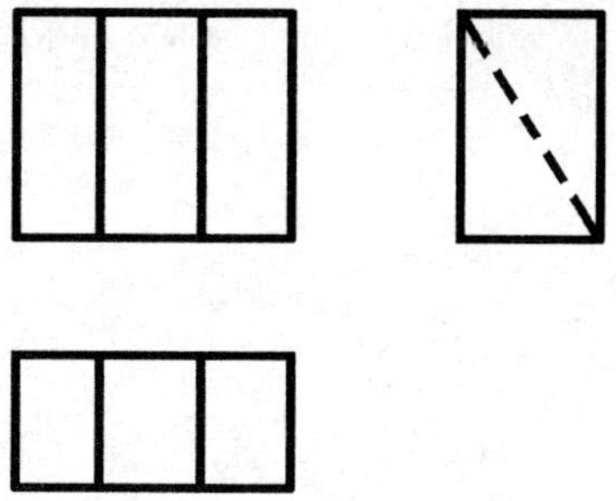
(　)

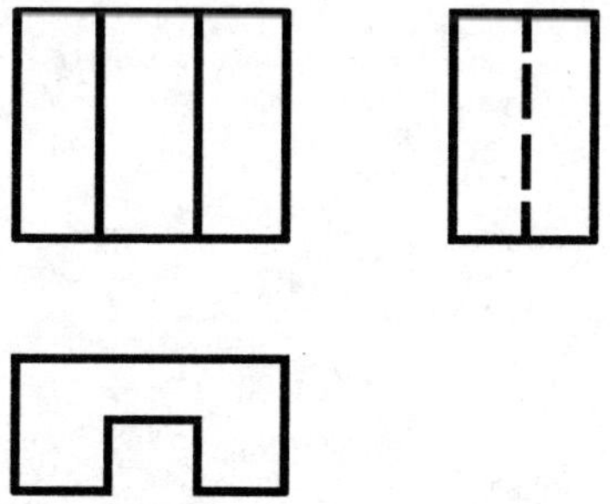
(　)

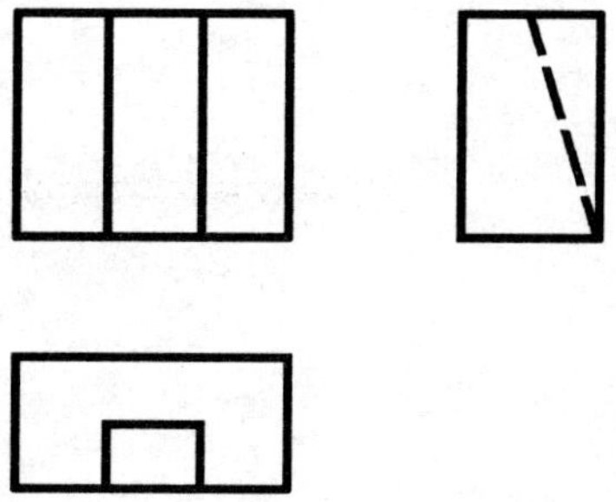
(　)

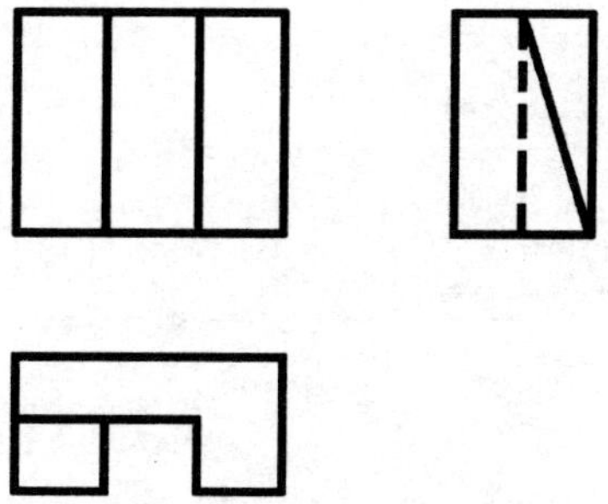
(　)

2. 根据每幅图右下角的轴测图找出形体三面投影的错误之处并改正。

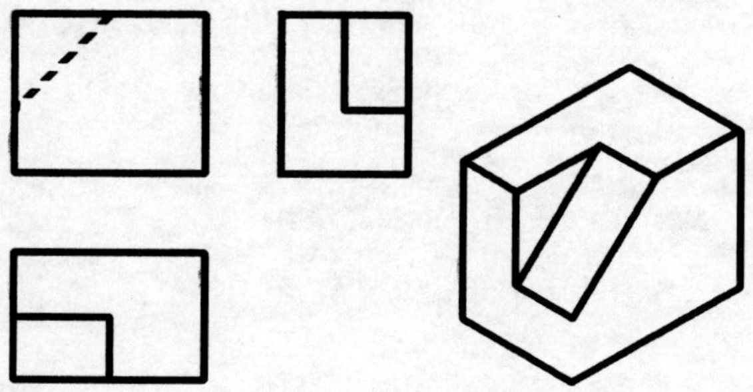

(a)

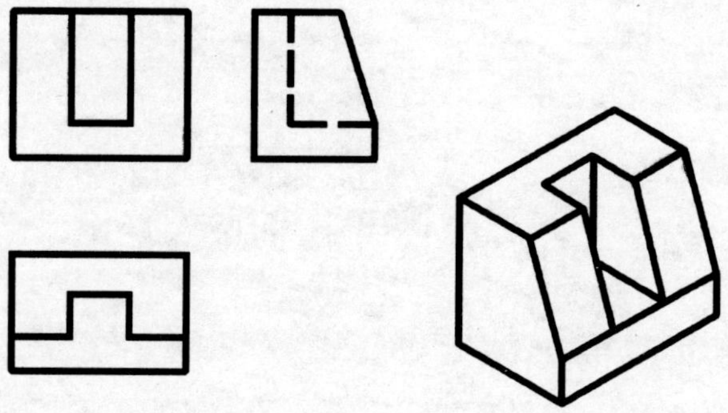

(b)

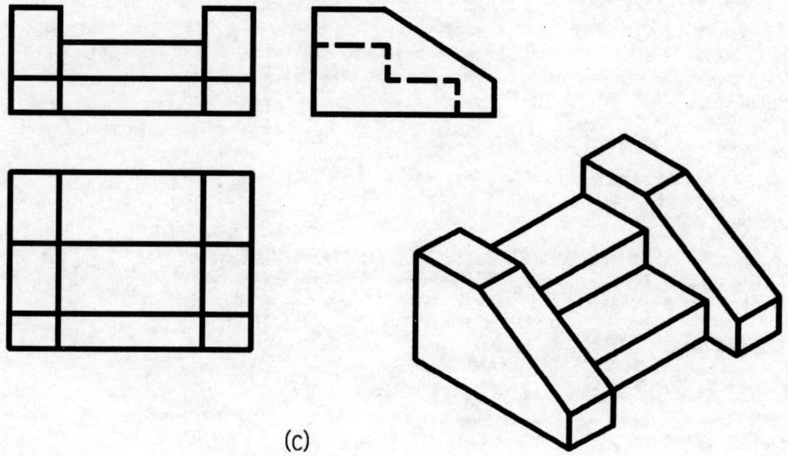

(c)

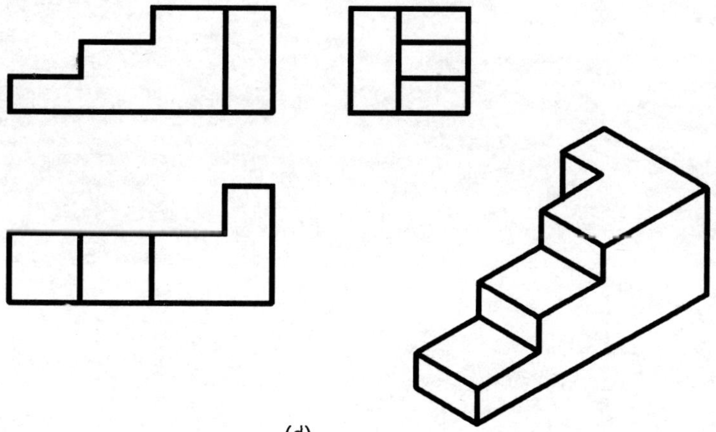

(d)

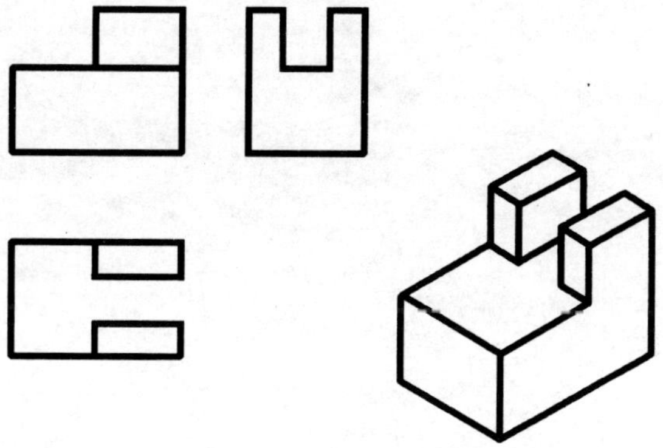

(e)

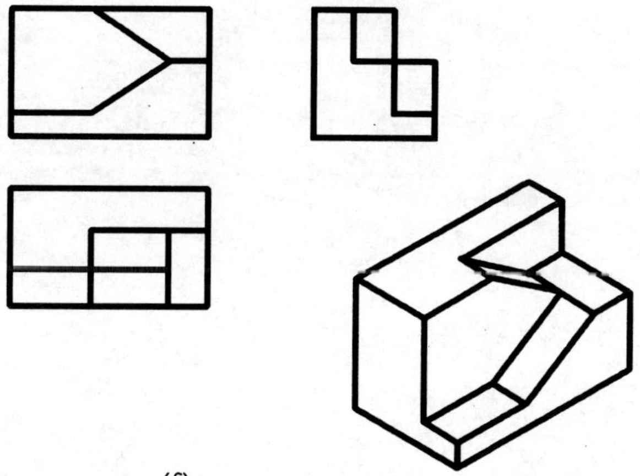

(f)

班级: 学号: 姓名: 审阅:

第3章　点、直线、平面的投影

3-1 点的投影

1.已知下列各点的两个投影，作出其第三个投影。

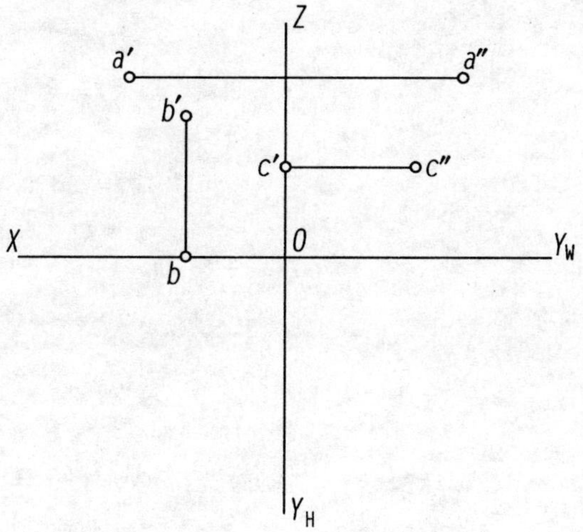

2.已知 A(20, 16, 8)、B(15, 0, 20) 两点，作出两点的三面投影，并作出点的直观图。

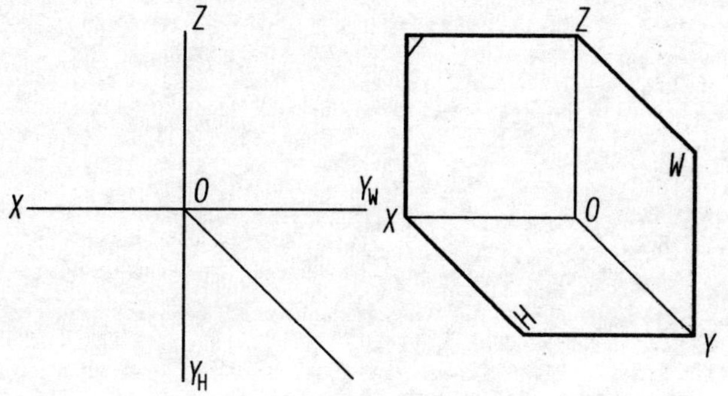

3.根据表中所给的距离，作出点的三面投影（不可见点的字母加括号），单位：mm。

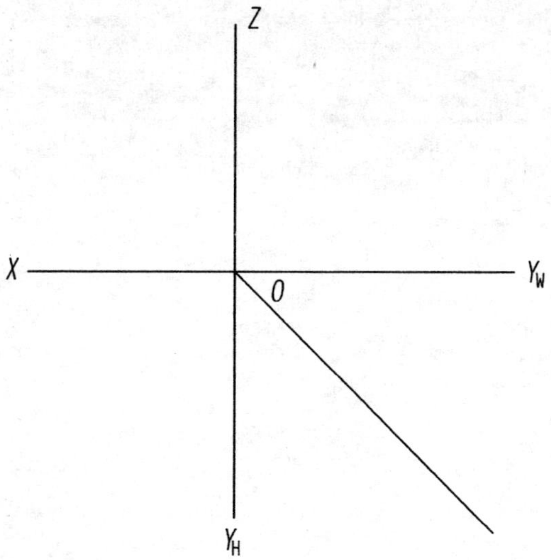

坐标 / 点名	X	Y	Z
A	10	10	10
B	12	8	12
C	0	20	15
D	0	0	20

4.根据表中所给的距离，作出点的三面投影（不可见点的字母加括号），单位：mm。

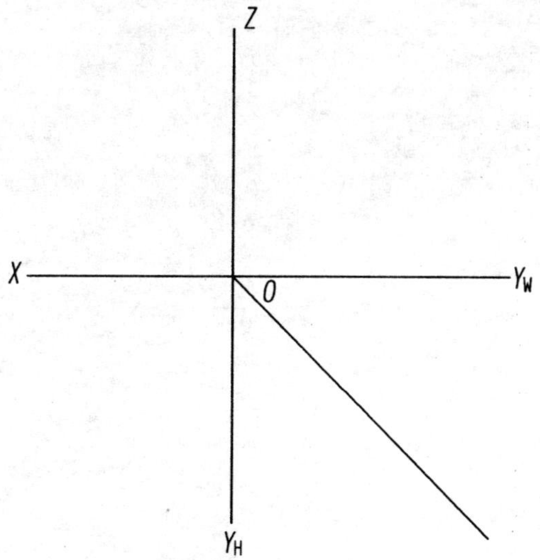

距离 / 点名	距离H面	距离V面	距离W面
A	10	5	10
B	0	15	0
C	0	10	20
D	15	20	0

班级:　　　　学号:　　　　姓名:　　　　审阅:

5. 已知点 *B* 在点 *A* 左方 12mm，下方 10mm，前方15mm，求点 *B* 的三面投影。

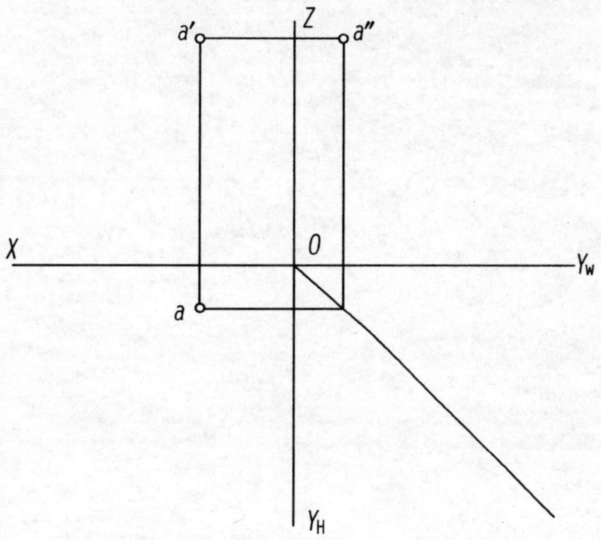

6. 求各点的第三投影。试比较 *A* 与 *B*，*C* 与 *D*，*E* 与 *F* 的相对位置。对重影点的不可见投影加括号。

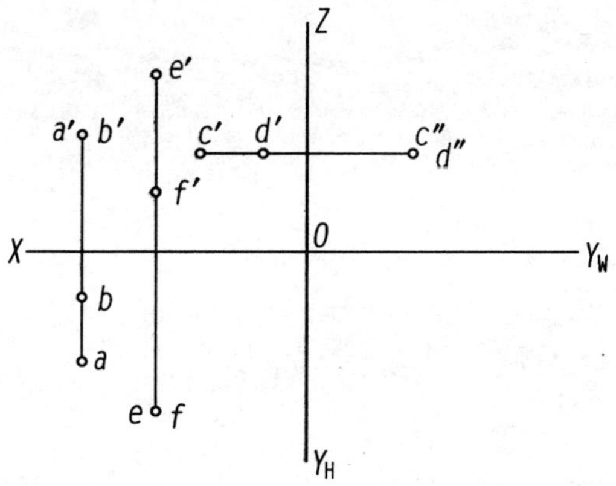

*A*在*B*正___方___mm
*C*在*D*正___方___mm
*E*在*F*正___方___mm

1. 根据直线的两面投影，求第三投影，并说出此直线为何种位置直线。

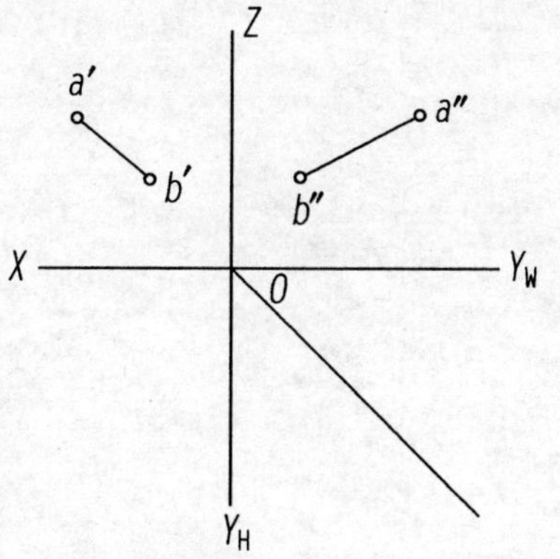

*AB*为______线

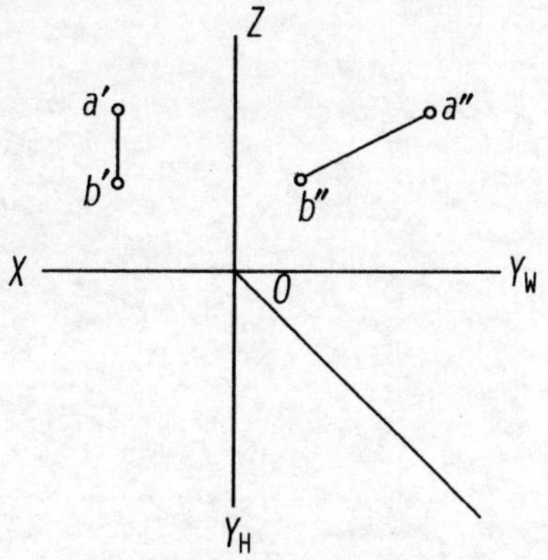

*AB*为______线

2. 已知 *A*、*B* 两点的投影，求 *C* 点的投影，使 *B* 点为 *A* 点与 *C* 点的对称中心点。

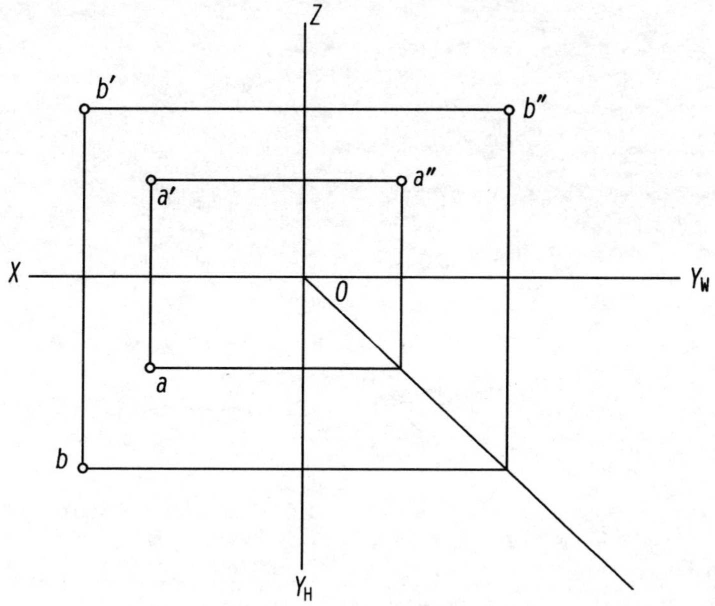

班级: 学号: 姓名: 审阅:

3. 判断下列直线为何种位置直线。

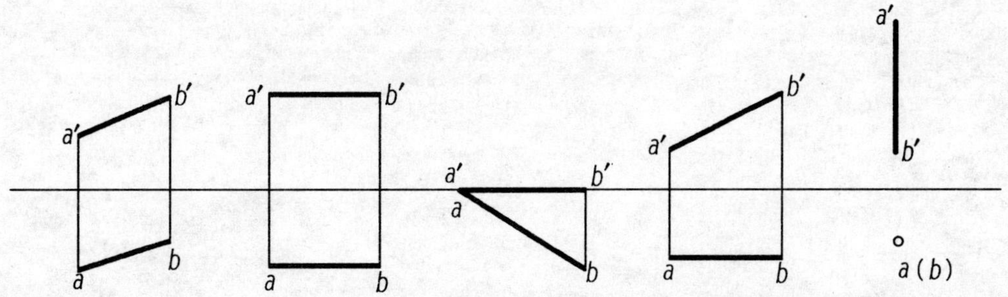

直线AB为________线　________线　________线　________线　________线

4. 已知水平线 AB 在 H 面上方 20mm，求作其 V 面和 W 面投影。

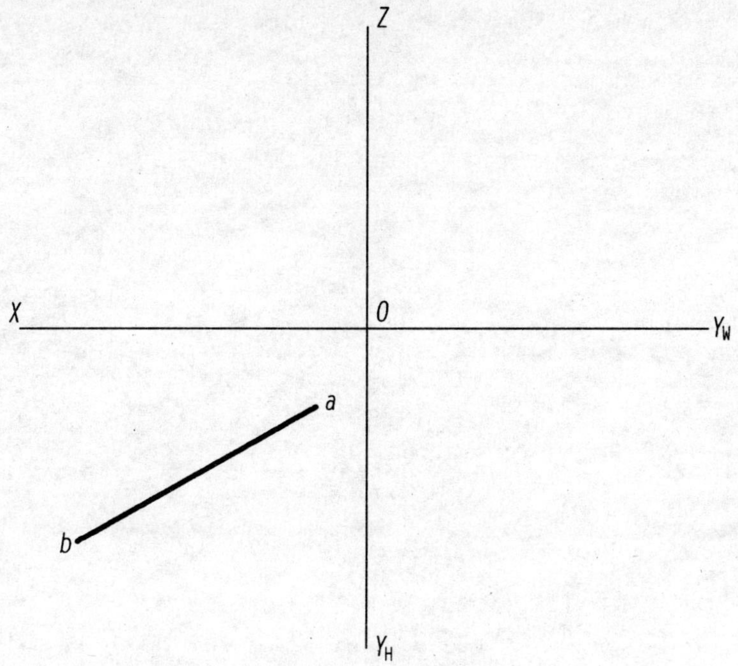

5. 已知 CD 垂直于侧面，试完成其 H 面和 W 面投影。

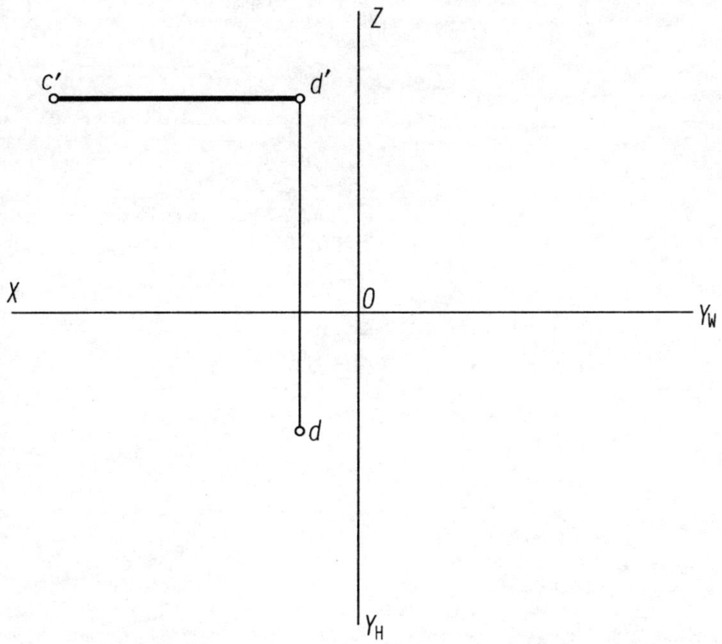

6. 已知铅垂线 CD 端点 C 的投影，CD 长为 25mm，求其三面投影。

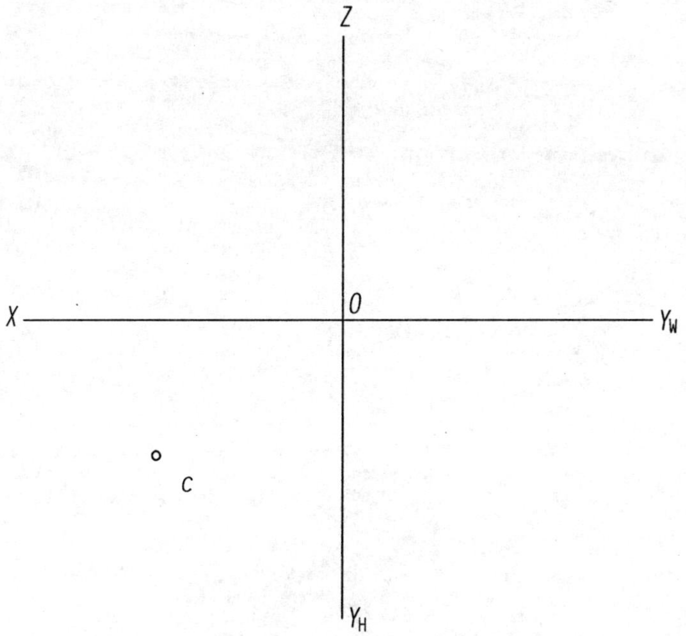

7. 已知 EF//W 面，E 与 F 离开 V 面的距离分别为 5 与 15，求其 W 面和 V 面投影。

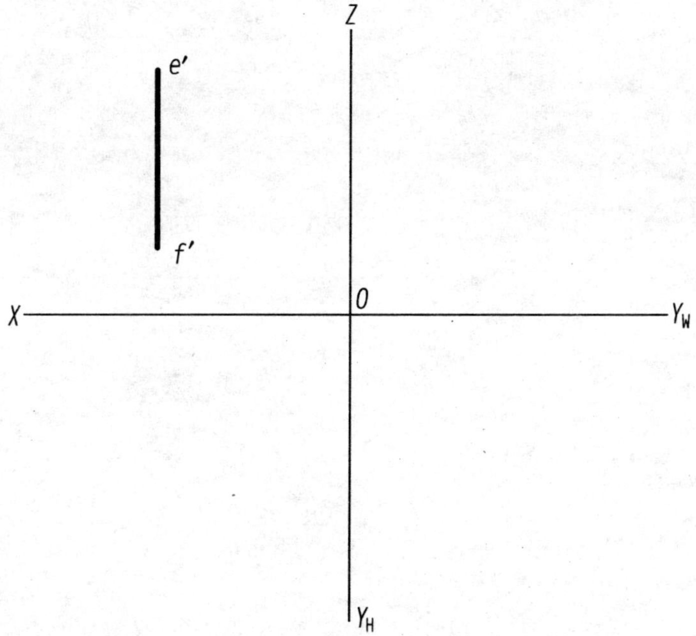

班级:　　　　学号:　　　　姓名:　　　　审阅:

8. 求直线 *AB* 的实长及对 *H* 面、*V* 面的倾角 **α**、**β**。

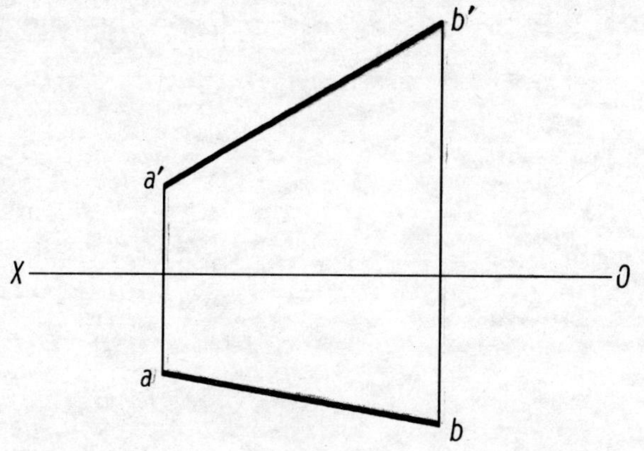

9. 求直线 *CD* 对 *V* 面、*W* 面的倾角 **β**、**γ**。

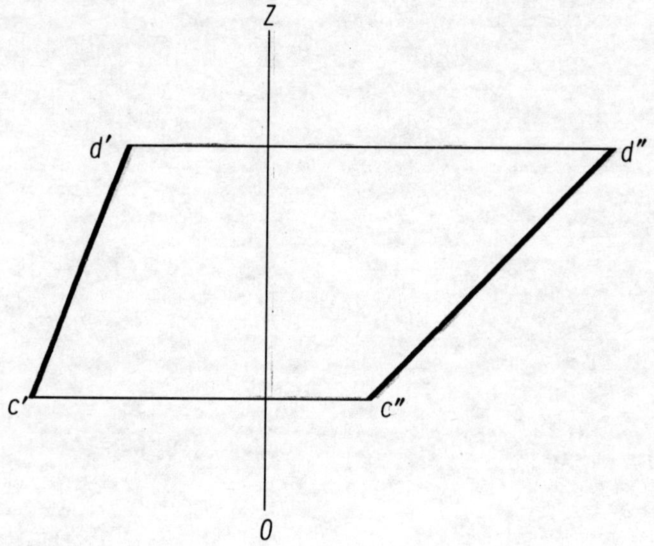

10. 已知直线 *AB* 的实长为 40mm，点 *B* 比点 *A* 高，作出直线 *AB* 的 *V* 面投影。

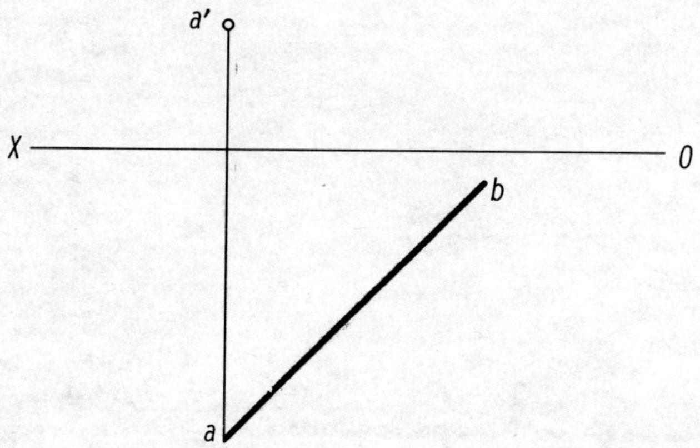

11. 判断 *K* 点是否在直线 *AB* 上。

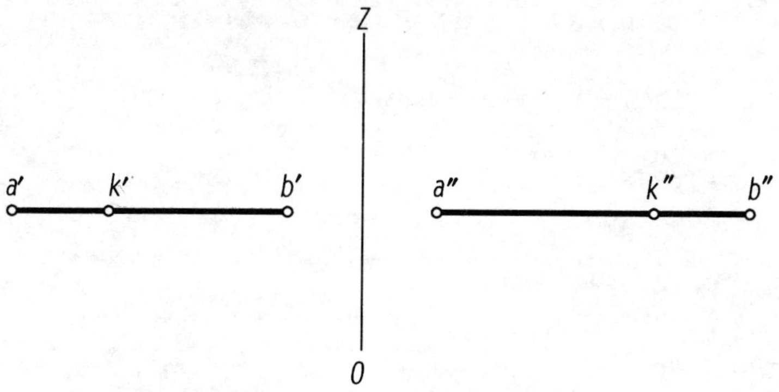

答：（　）

12. 求作线段 *CD* 的侧面投影，并在该直线上取一点 *K*，使 *CK*=20mm。

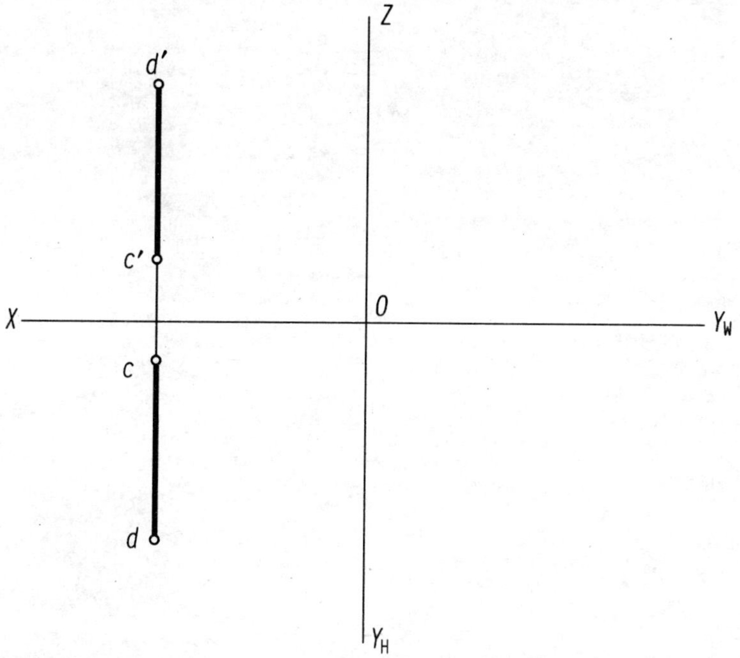

13. 在直线 *AB* 上找一点 *C* 使 *AC*=30mm。

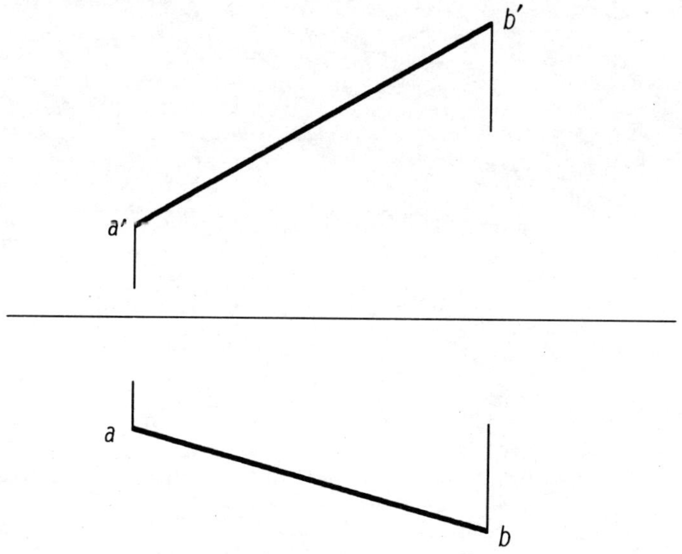

　班级：　学号：　姓名：　审阅：

14. 判定下列各对直线的相对位置（平行、相交、交叉）。

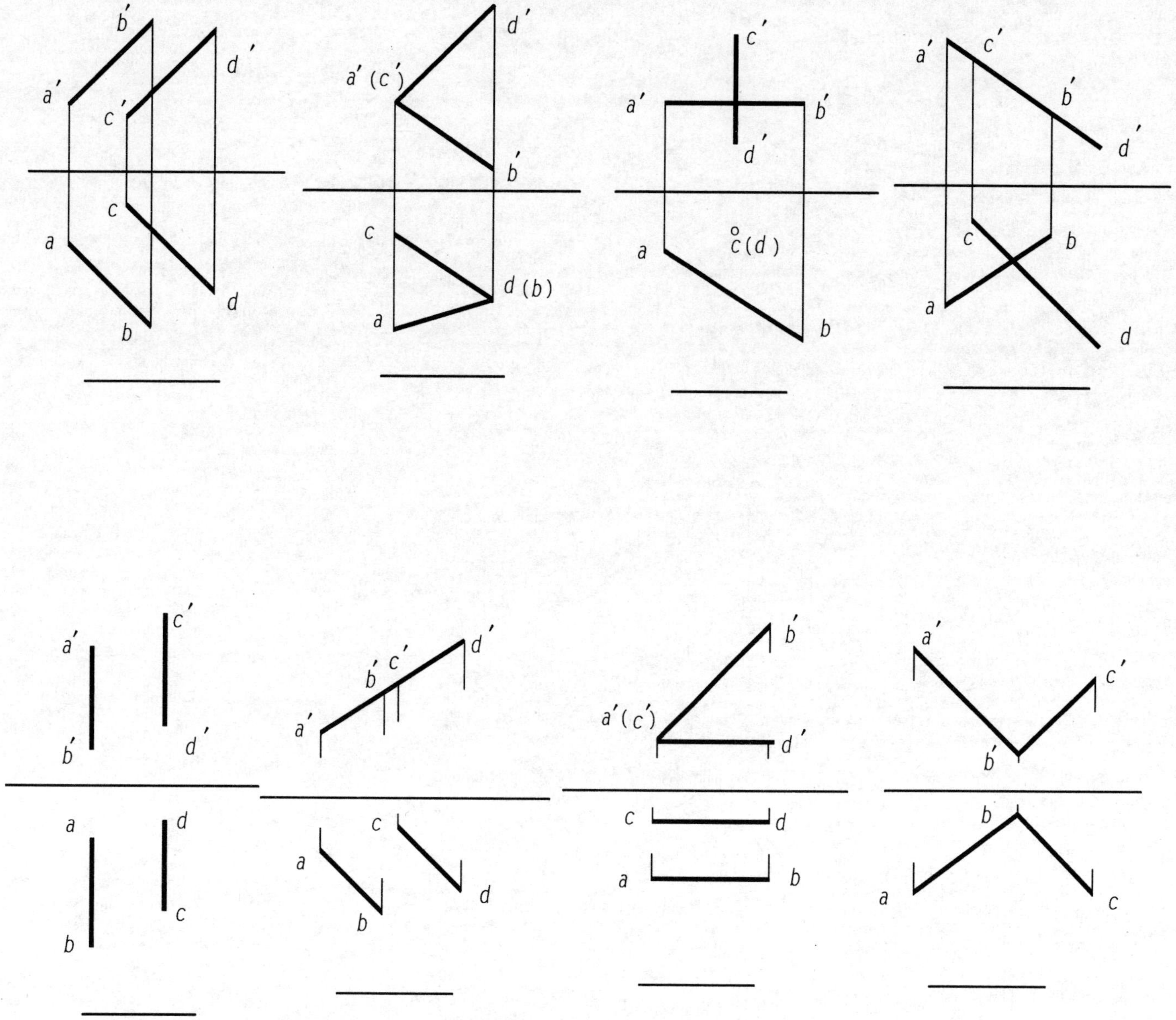

15. 作一直线，使其与两直线 AB、CD 相交，并平行与直线 EF。

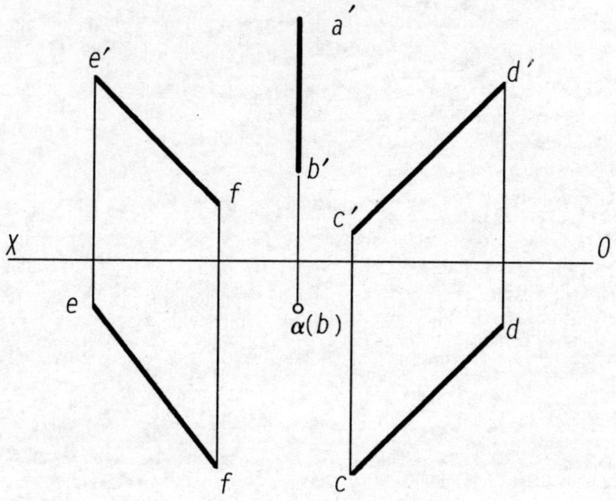

 班级: 学号: 姓名: 审阅:

16. 过点 C 作一直线与 AB、DE 相交。

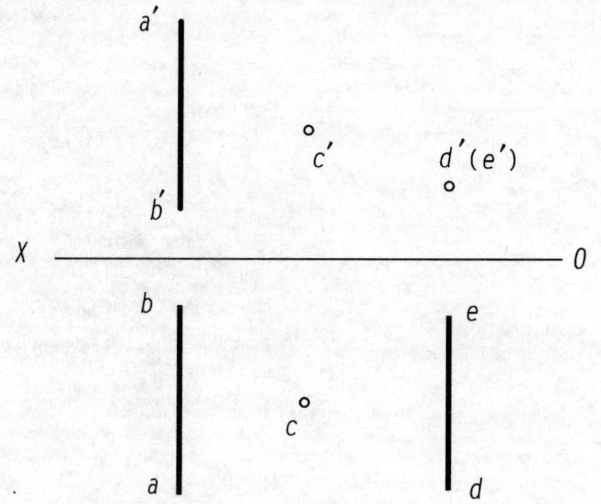

17. 已知交叉两直线的 H 面投影和 V 面投影，求作它们的 W 面投影。分别标出三对重影点的三面投影符号，并表明可见性。

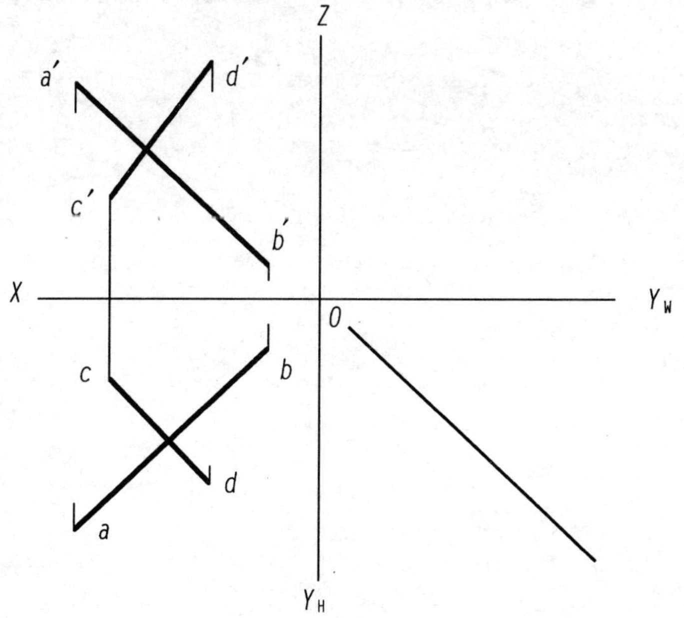

1. 根据平面图形的两面投影，求作它的第三面投影，并判断平面处于什么空间位置。

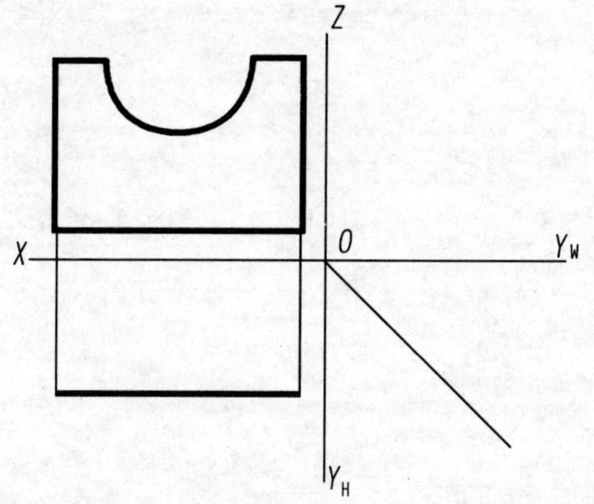

______面

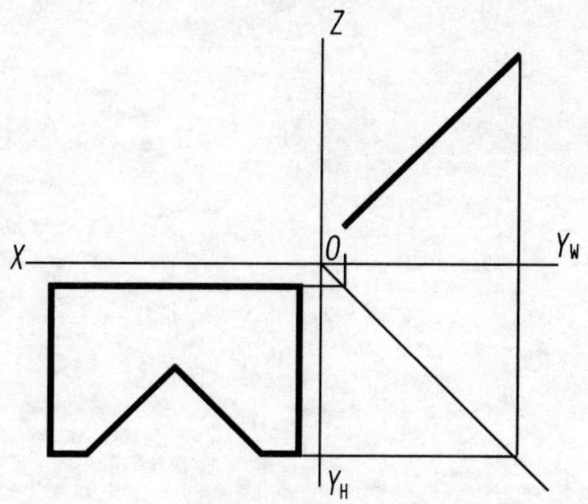

______面

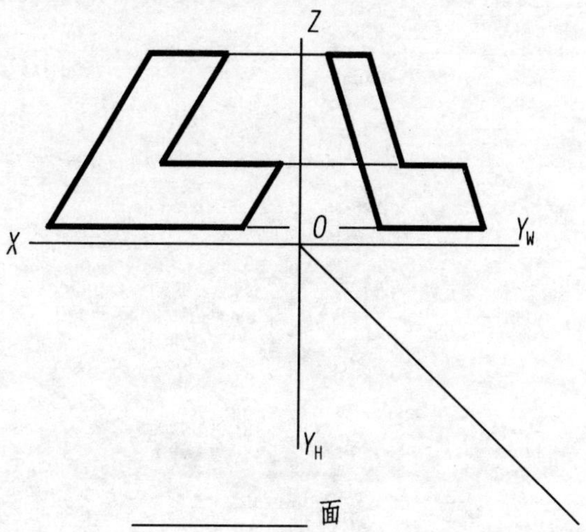

______面

2. 试判断点 E 是否在 $\triangle ABC$ 平面内。

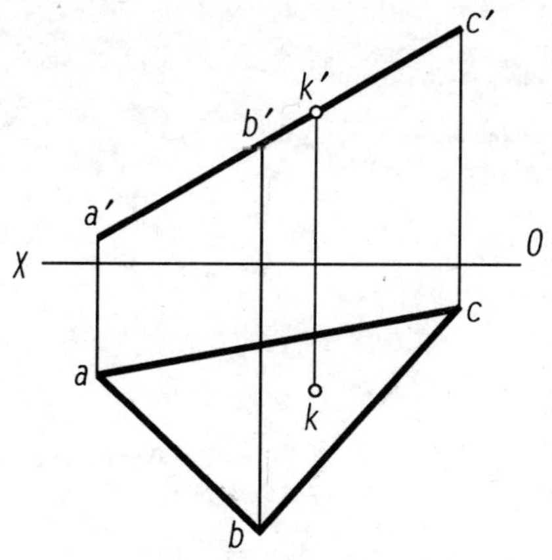

3. 判断线段 DE 是否在 $\triangle ABC$ 平面内。

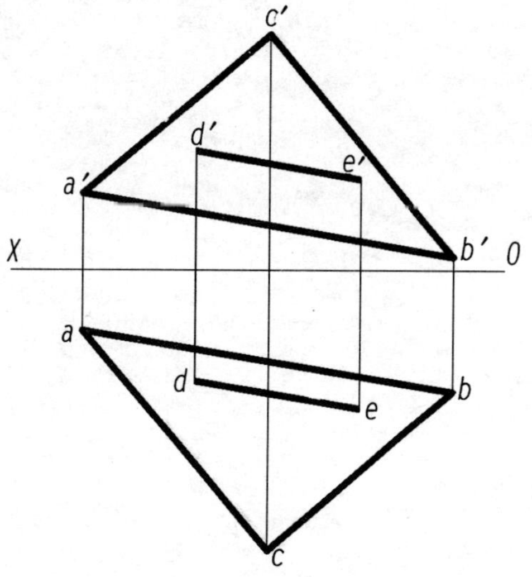

 班级: 学号: 姓名: 审阅:

4. 作出平面△*ABC* 内点 *K* 的水平投影。

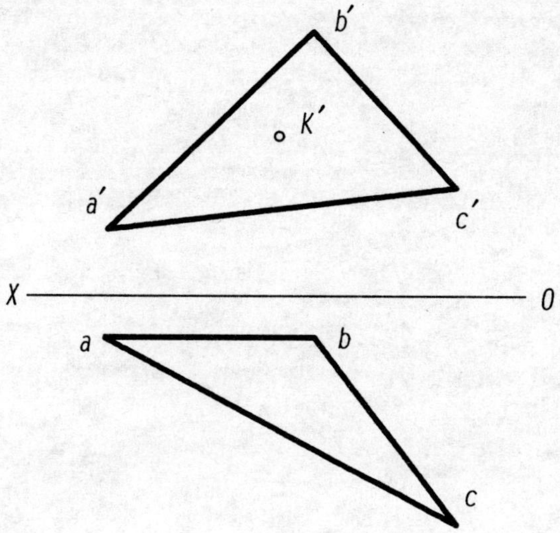

5. 完成平面五边形 *ABCDE* 的两面投影。

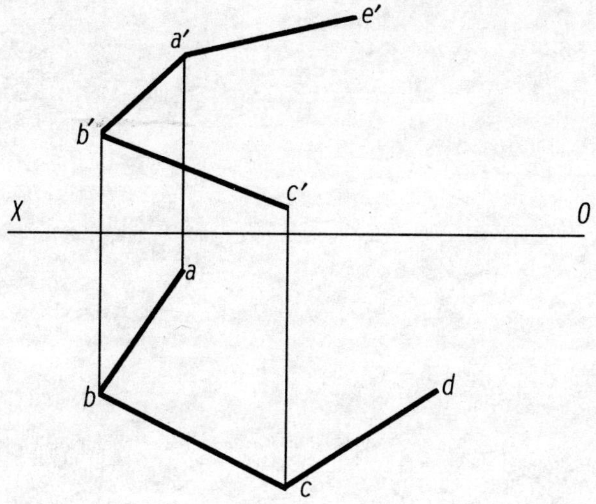

6. 已知矩形 *PQRS* 上一个△*ABC* 的 *V* 面投影，作出它的 *H* 面投影。

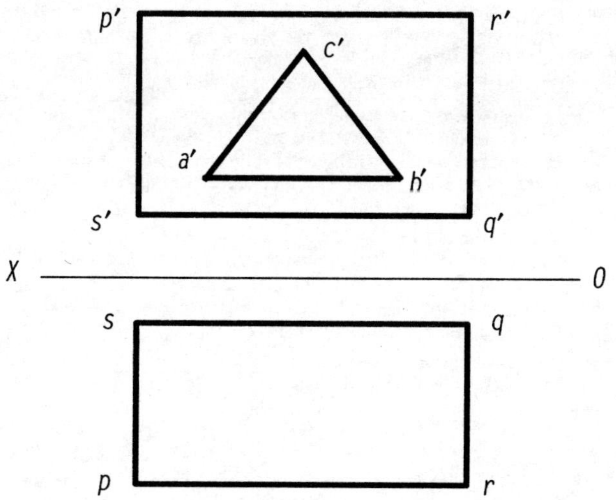

7. 作出平面△*ABC* 内的一条水平线，和一条对 *H* 面的最大斜度线，并求出此平面与 *H* 面的倾角 α。

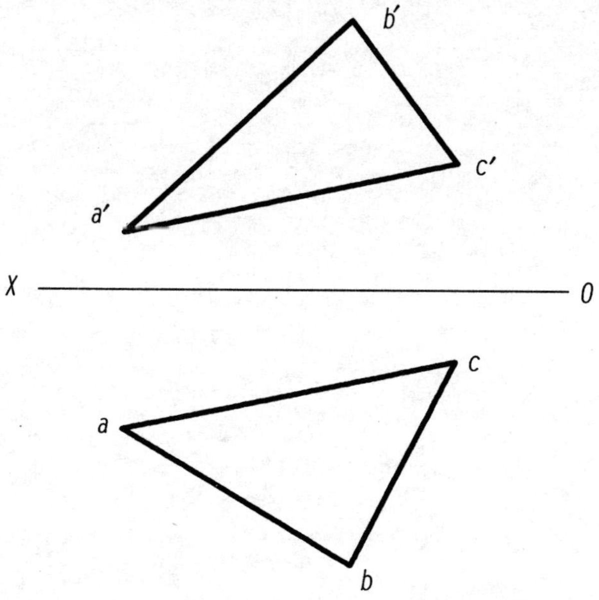

4-1 平面立体上的点和线

完成平面立体的第三投影及其表面上各点和线的三面投影。

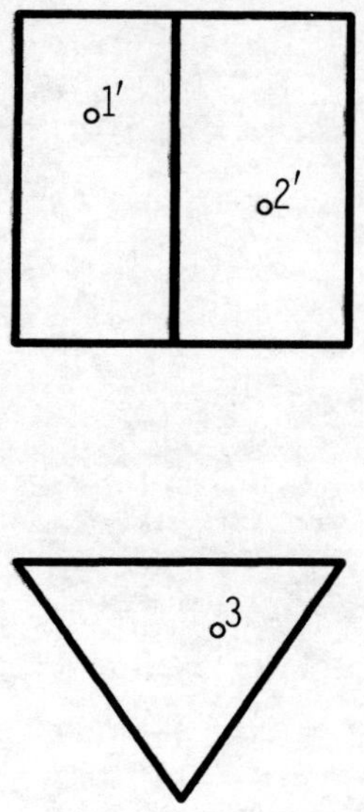

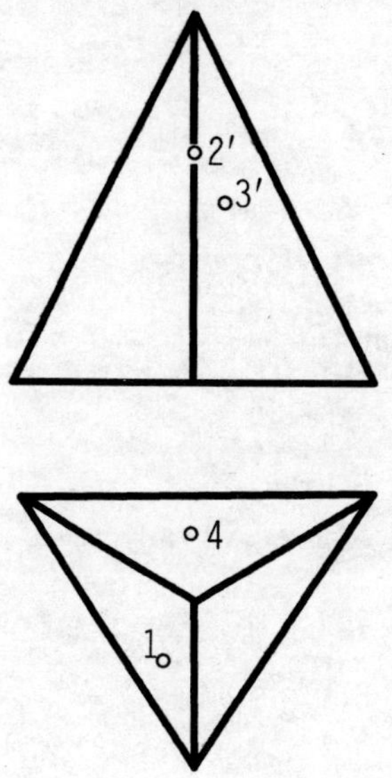

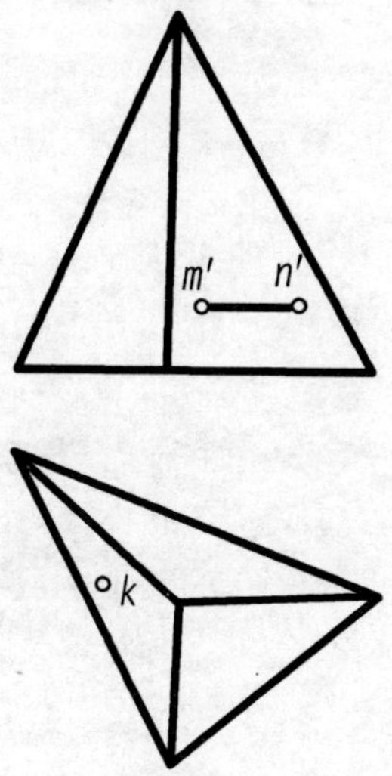

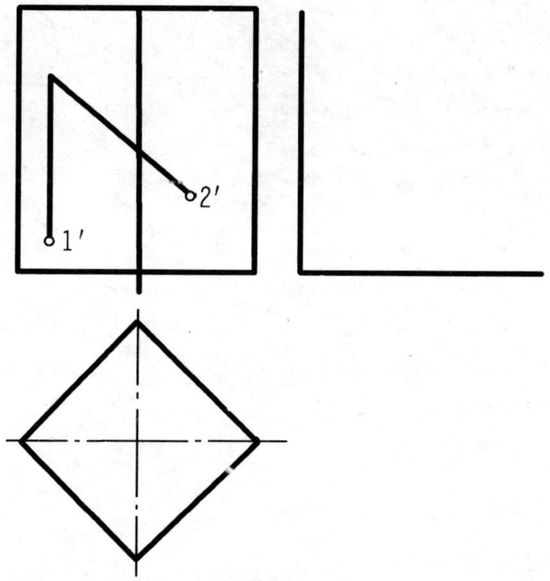

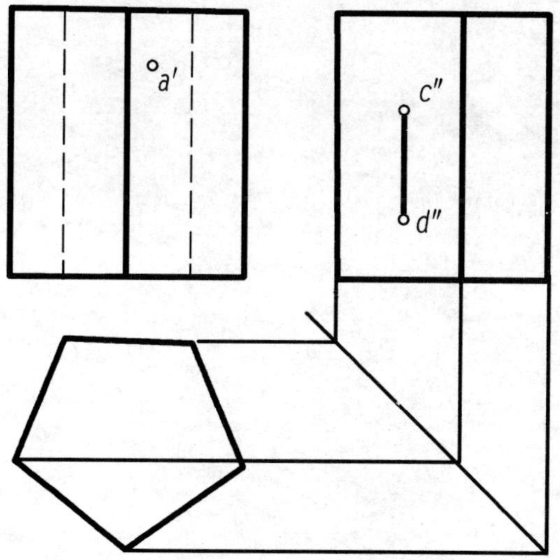

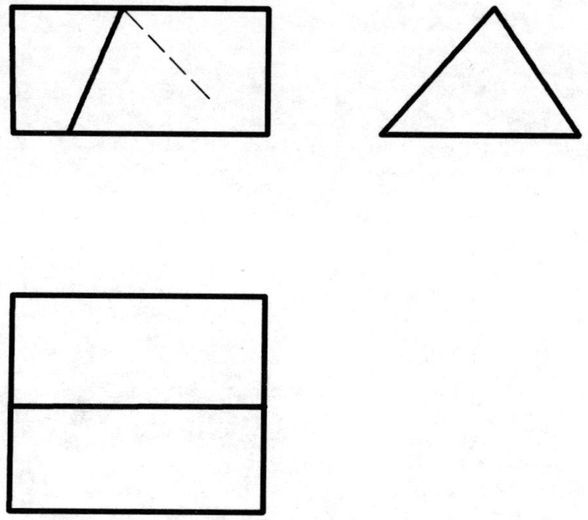

完成曲面立体表面上各点以及曲线段的三面投影。

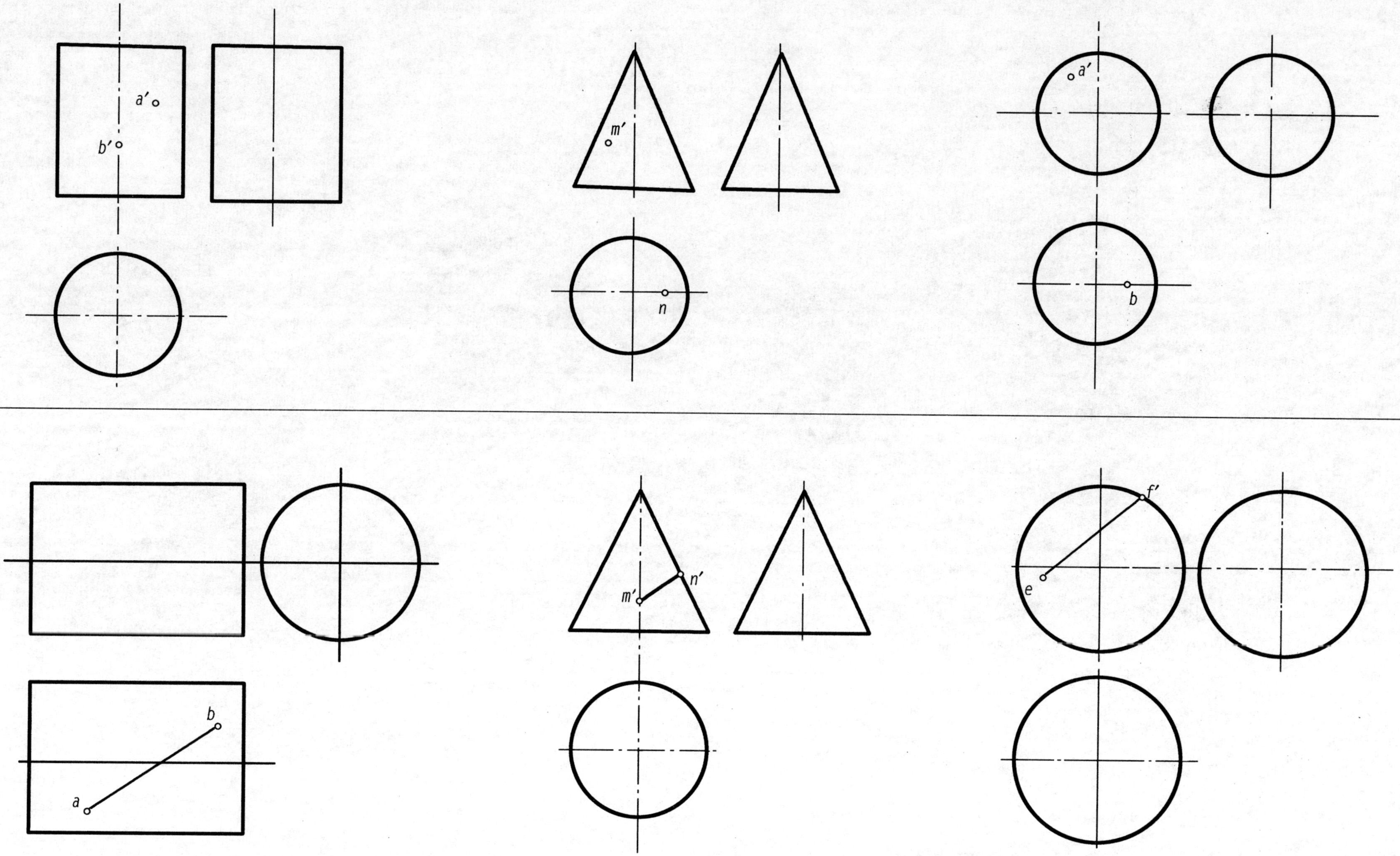

完成直线与立体相交的投影。

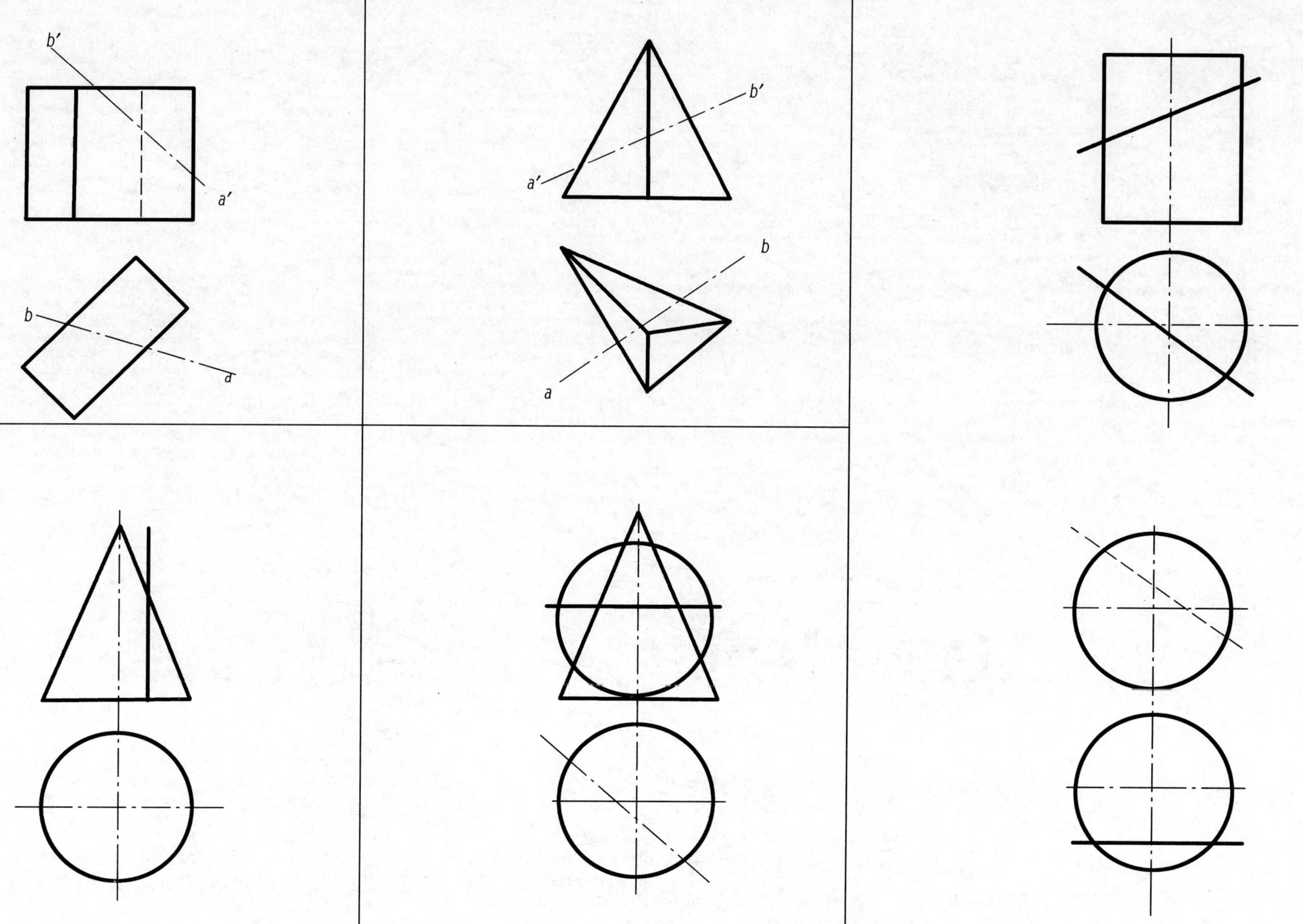

班级: 学号: 姓名: 审阅:

4-4 平面与平面立体相交

1. 完成截交后平面立体的投影及其截交线。

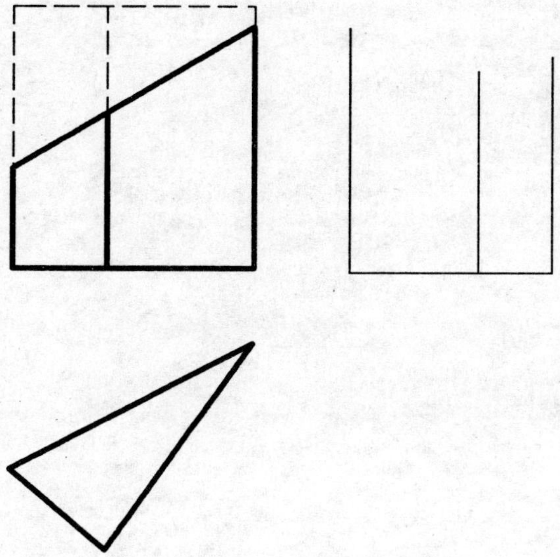

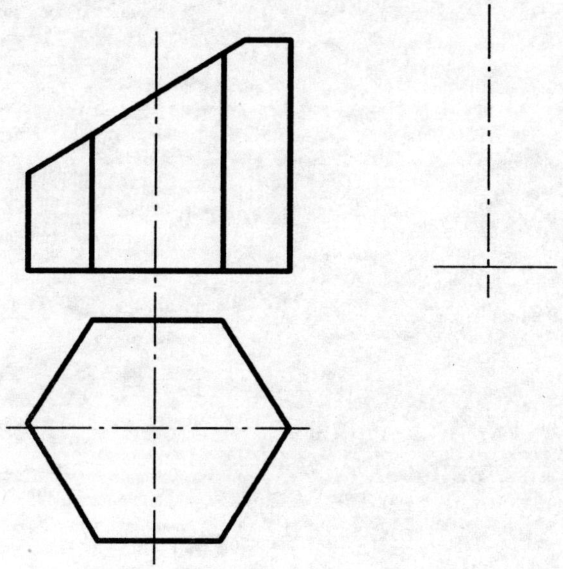

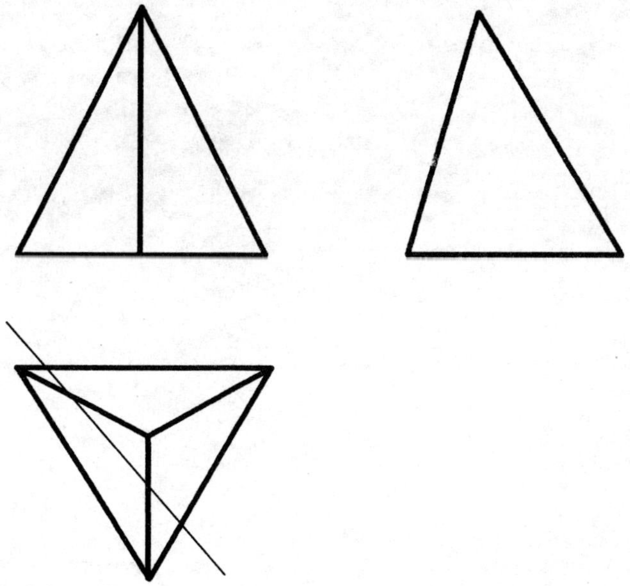

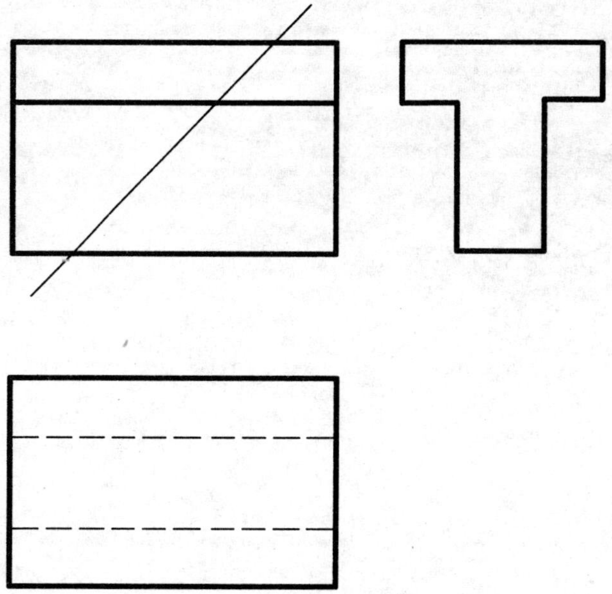

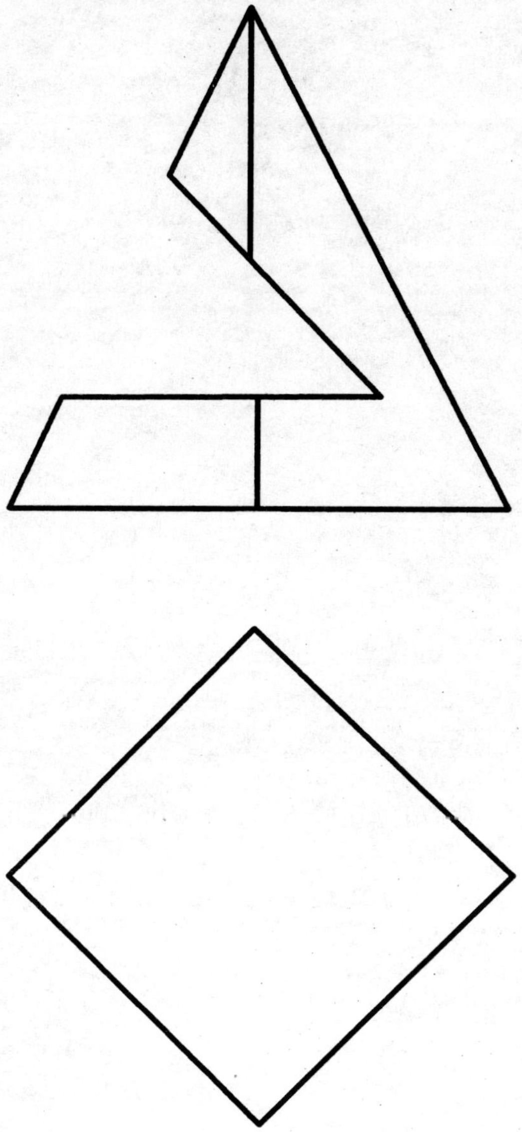

完成曲面立体被截切后的投影。

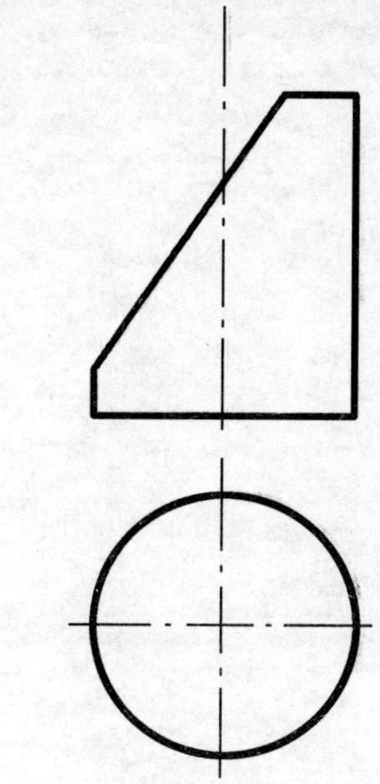

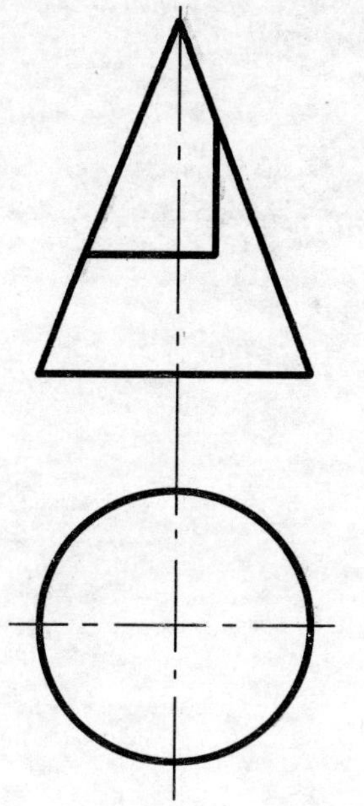

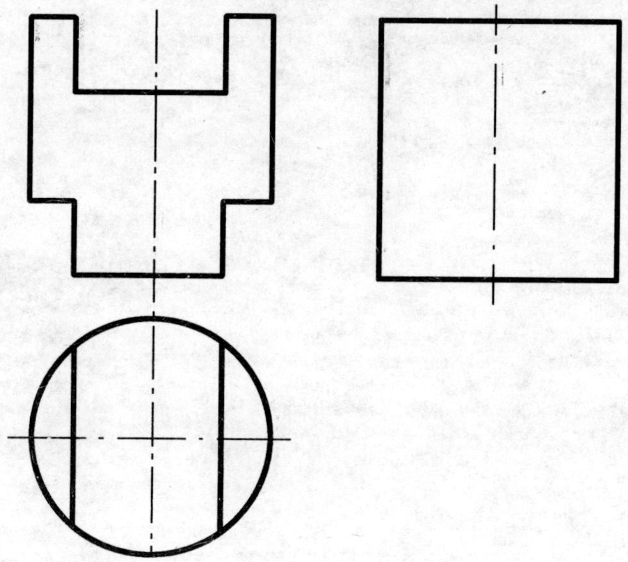

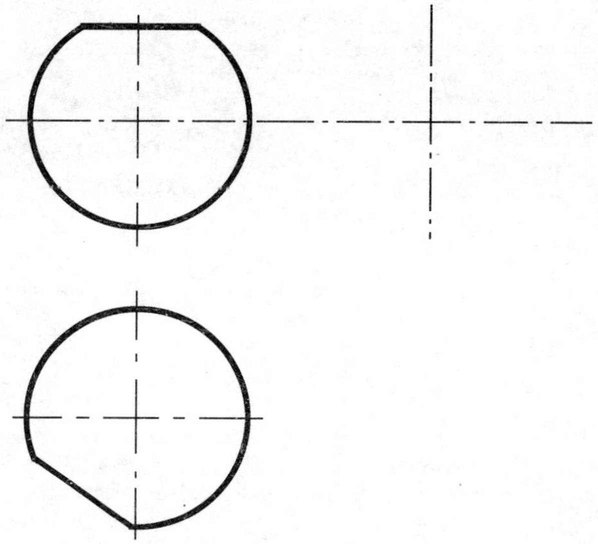

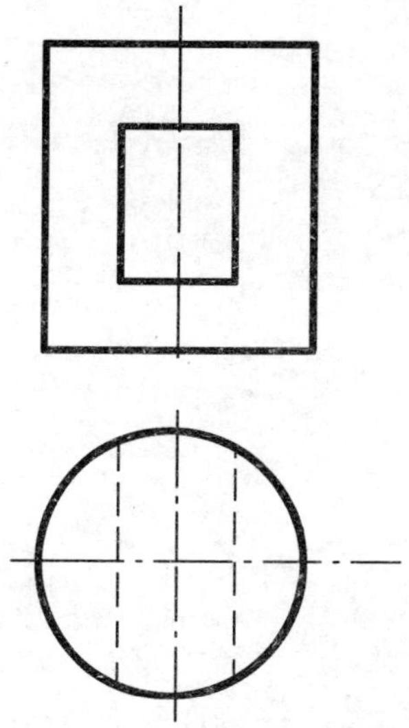

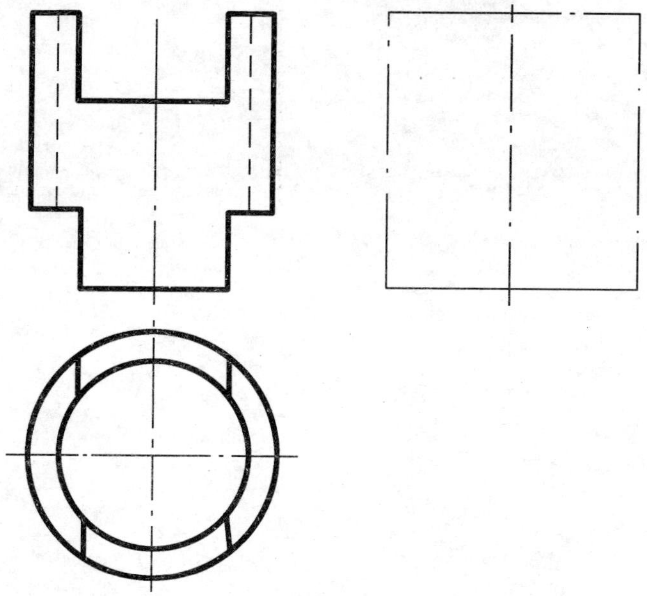

4-6 两平面立体相贯

完成两平面立体的相贯线。

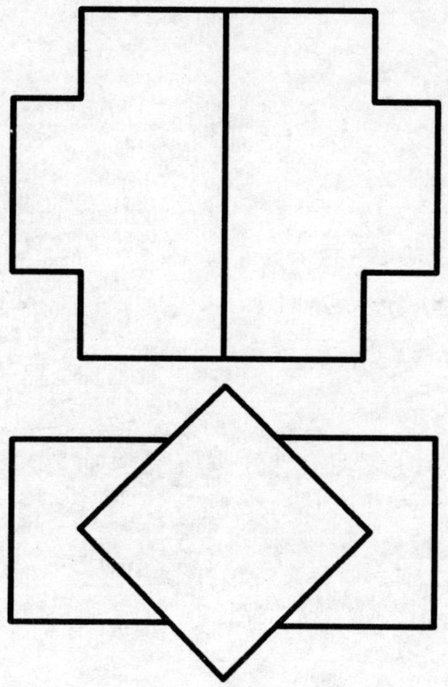

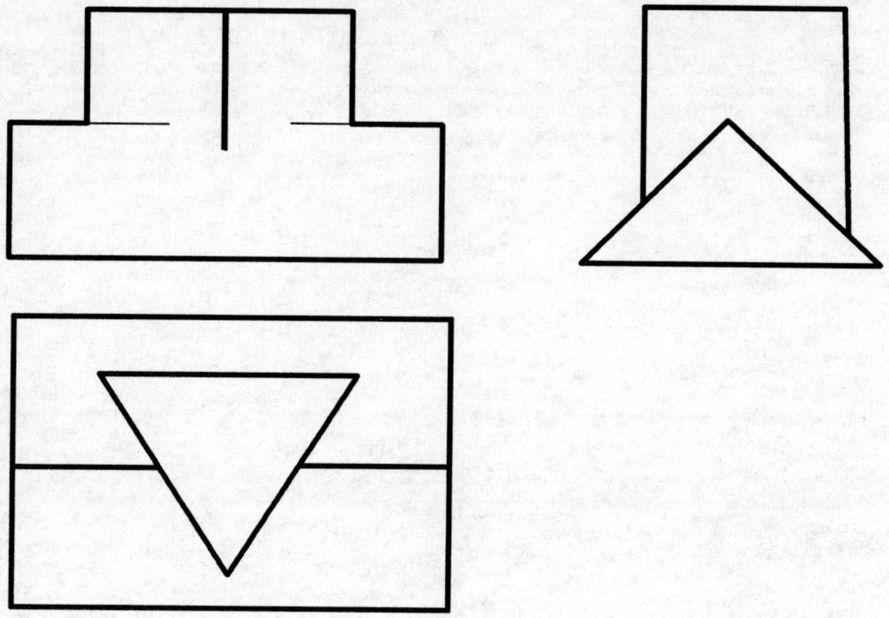

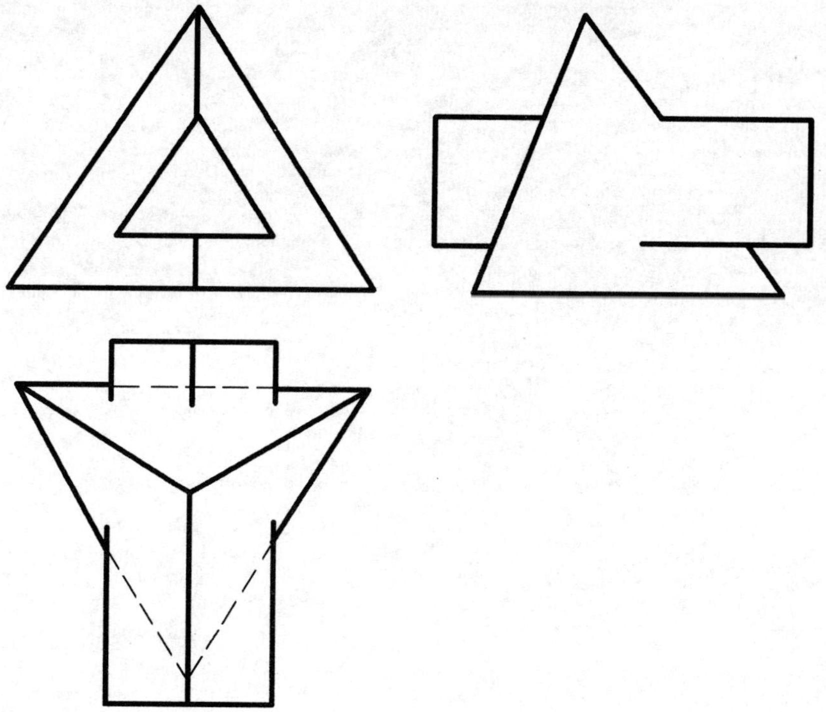

 班级:　　学号:　　姓名:　　审阅:

完成平面立体与曲面立体的相贯线。

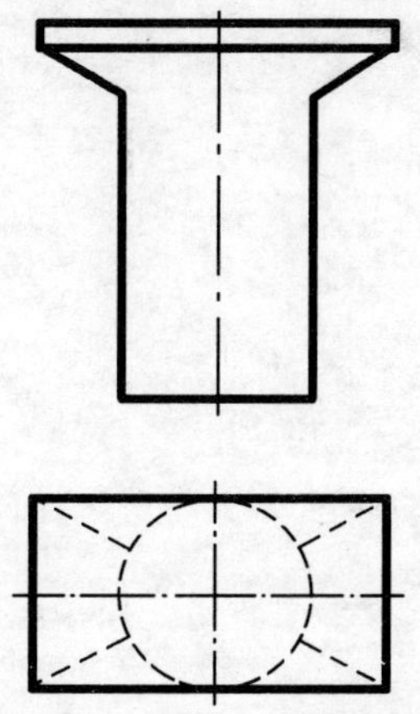

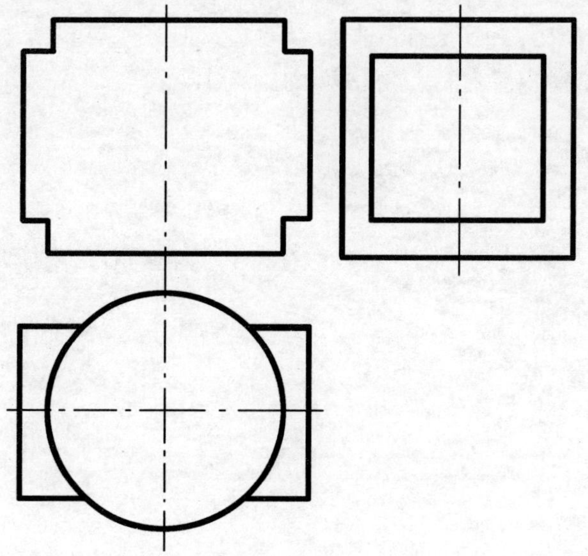

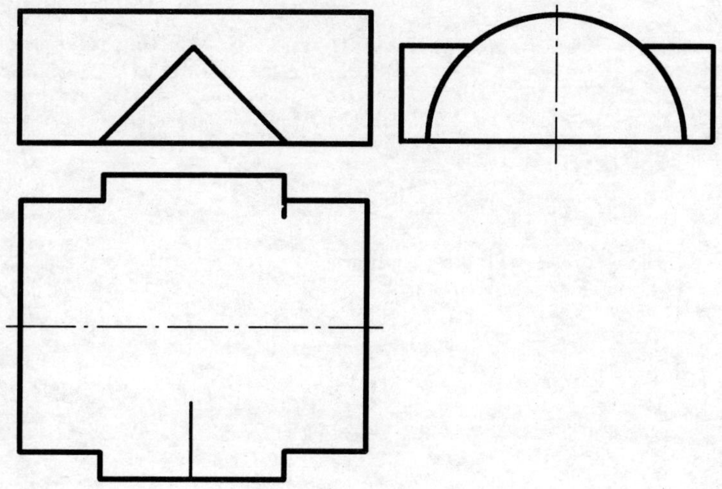

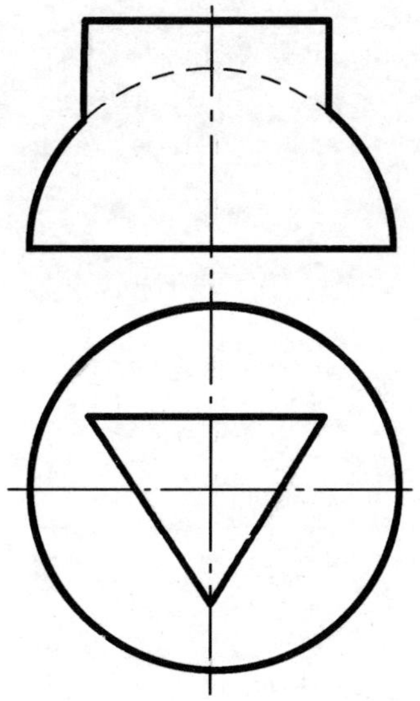

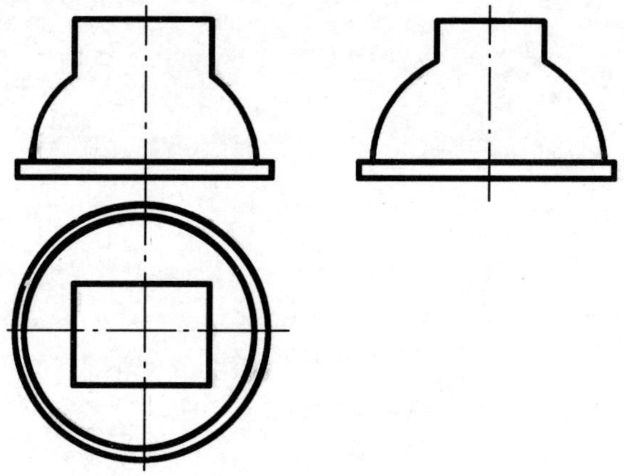

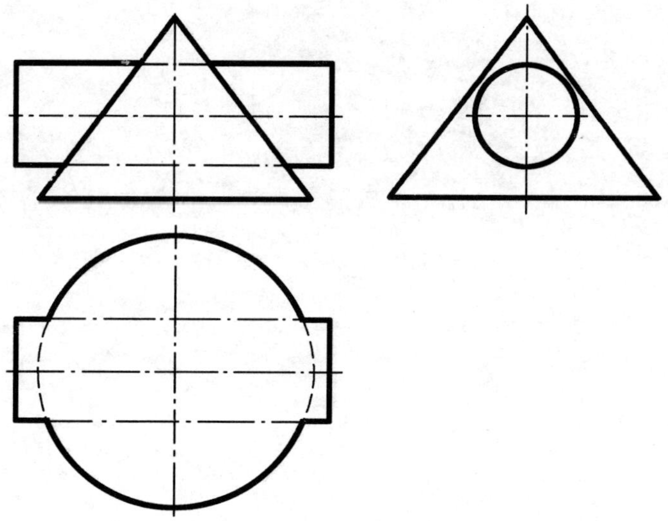

班级:　　学号:　　姓名:　　审阅:

4-8 两曲面立体相贯

完成两曲面立体的相贯线。

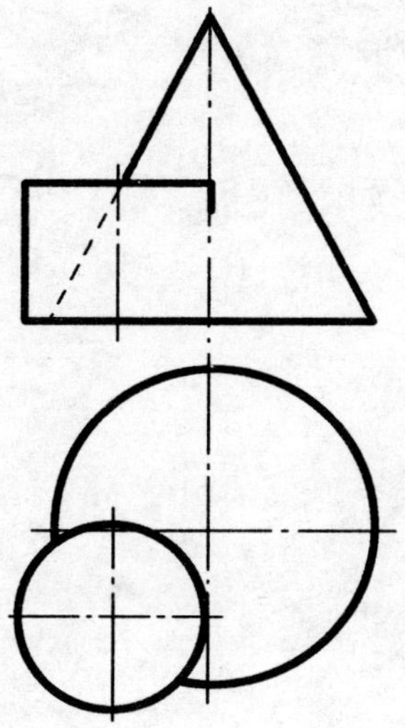

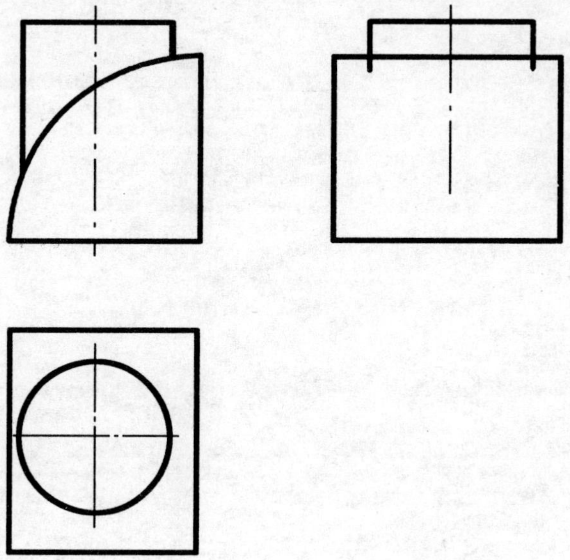

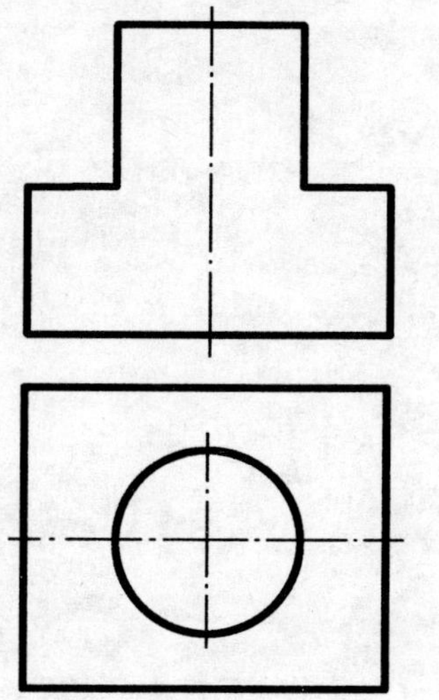

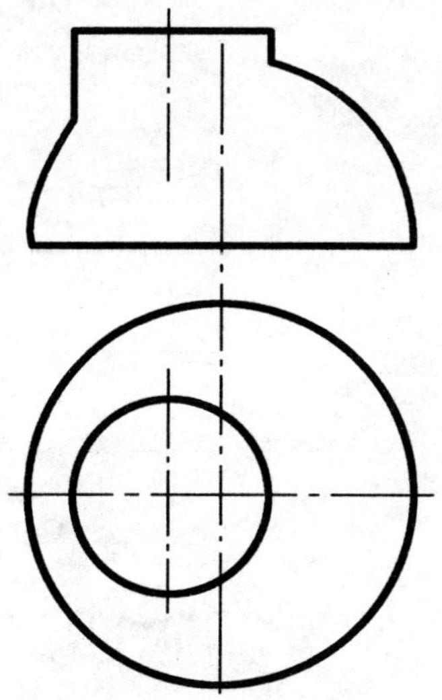

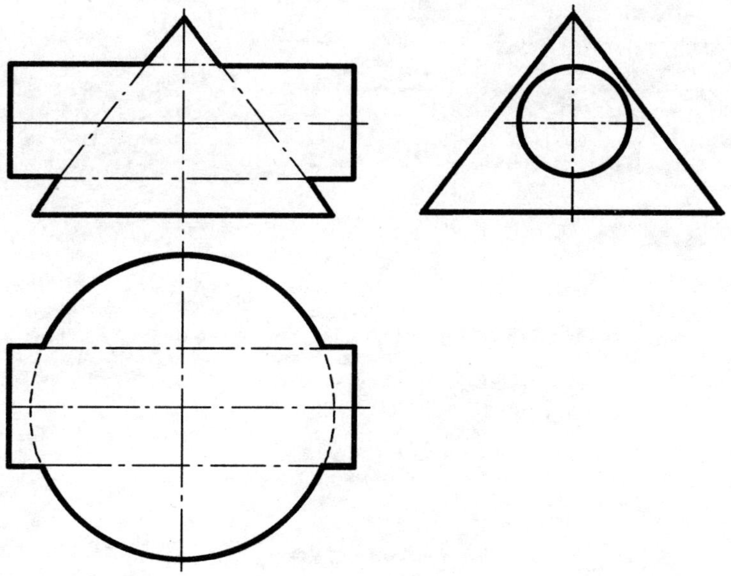

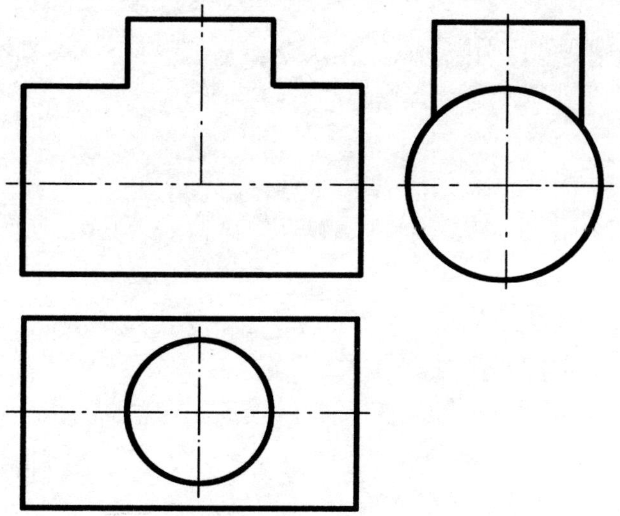

第5章 标高投影

5-1 点和直线的标高投影

1.已知直线段*AB*两端点的高程，求该线段的坡度*i*，并定出线段上高程为整数的各点。

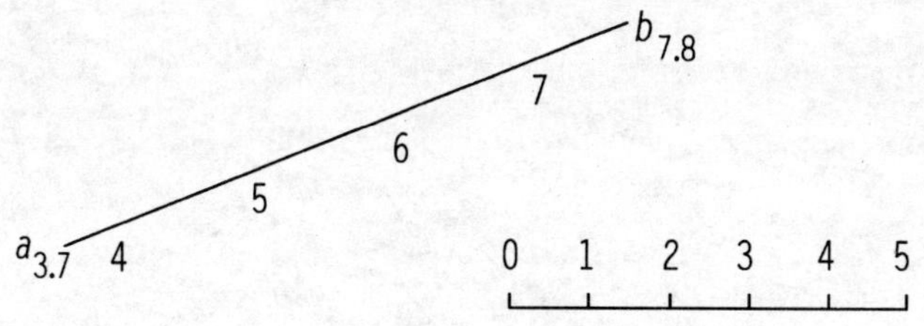

2.在高程为 -4m 的地面上开挖一高程为 -6m 的基坑，挖方边坡为 2:1，求作开挖线及坡面交线（比例为1:100）。

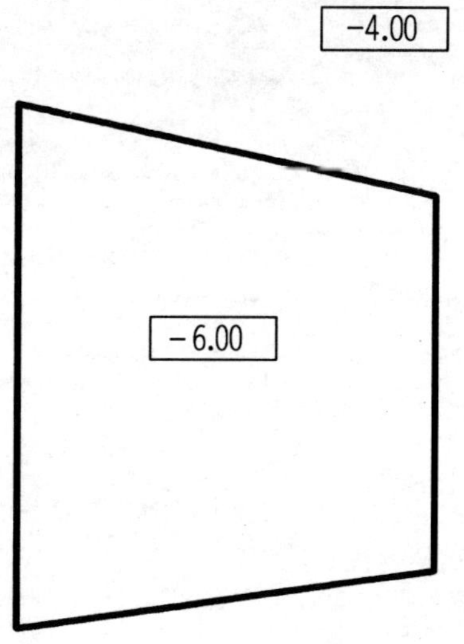

5-2 平面的标高投影

1.已知平面 ABC 三点的高程，画出该平面上高程为 5、6、7、8、9m 的等高线，并求出平面对 *H* 面倾角 α。

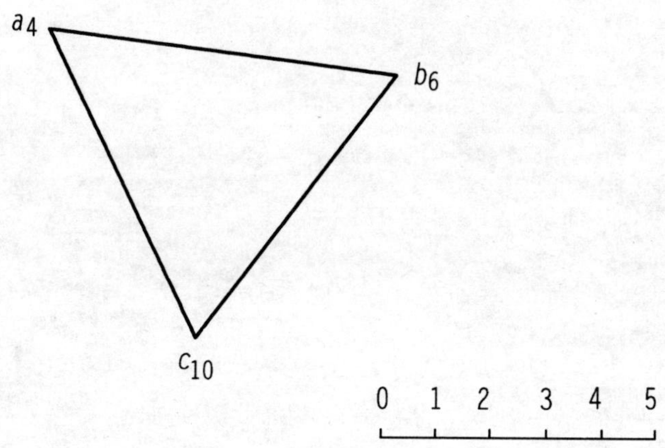

2.在高程为 -4m 的地面上开挖一高程为 -6m 的基坑，挖方边坡为 2:1，求作开挖线及坡面交线（比例为 1:100）。

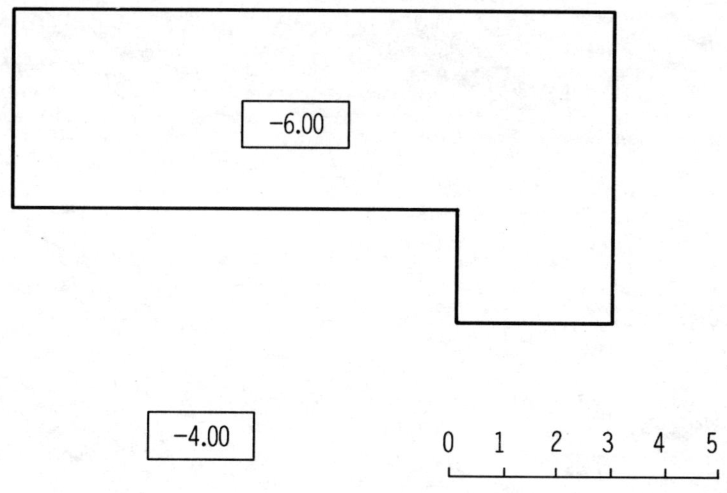

3.各水平面高程及边坡坡度如图所示，求坡脚线及坡面交线(比例为1:100)。

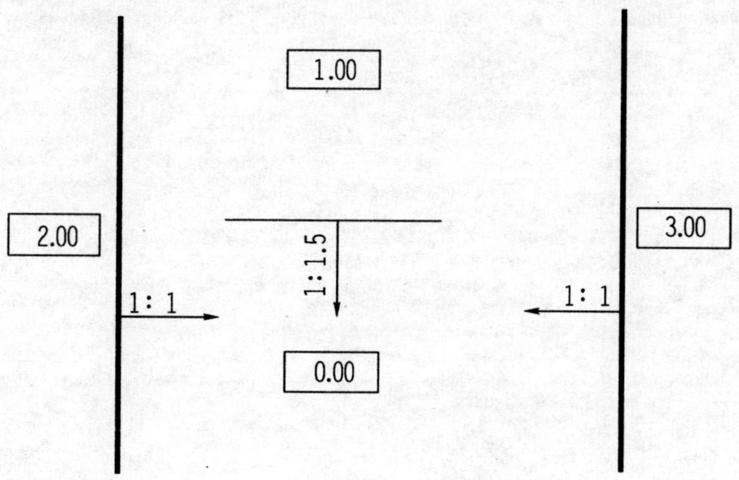

4.一斜坡引道连接平台与地面，高程及边坡如图所示，求作坡脚线及坡面交线。

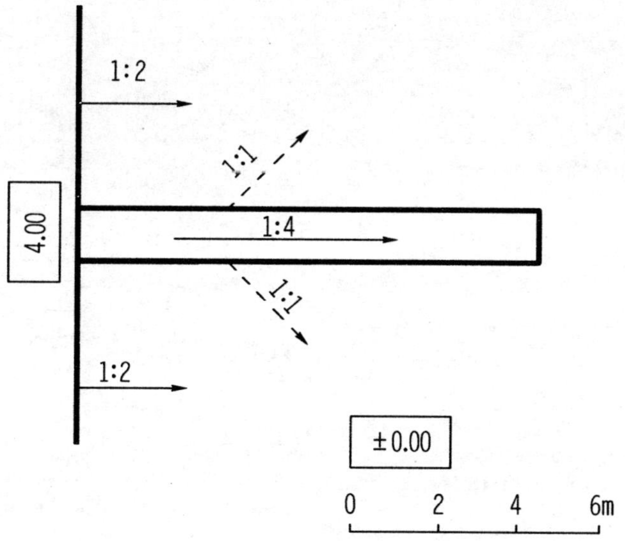

1.各平面高程和边坡如图所示，试完成坡脚线及坡面交线(比例为1:500)。

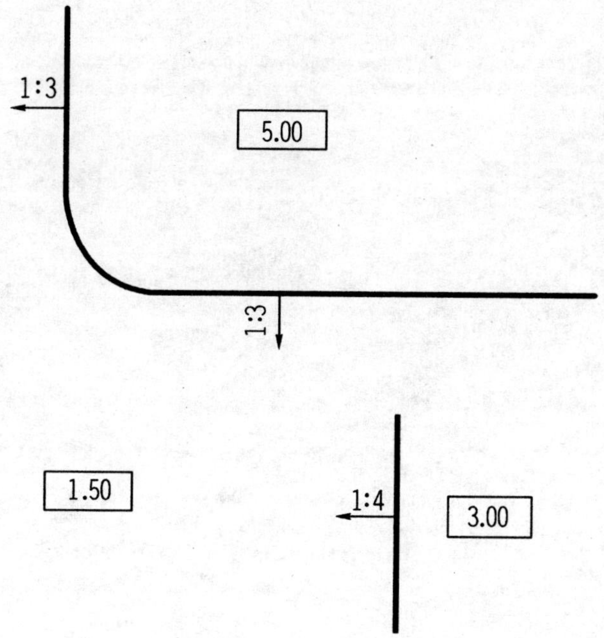

第6章　建筑形体的表达方法

6-1 组合体视图

1.根据直观图找投影图（将立体图的编号填入相应投影图括号内）。

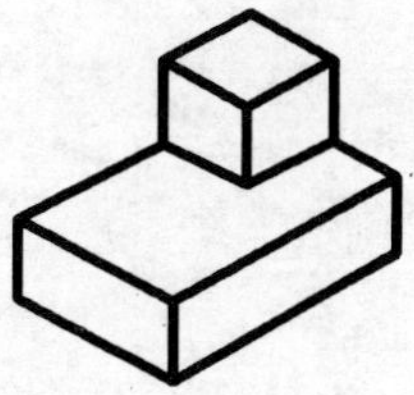
(1)

(2)

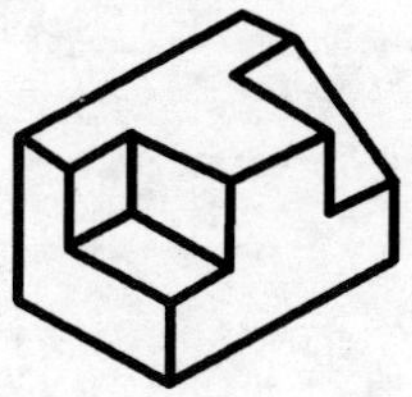
(3)

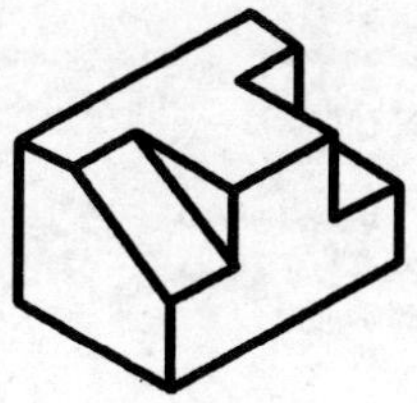
(4)

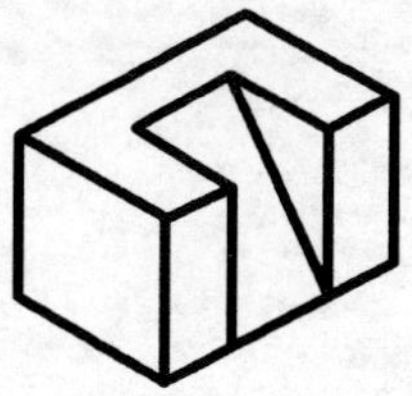
(5)

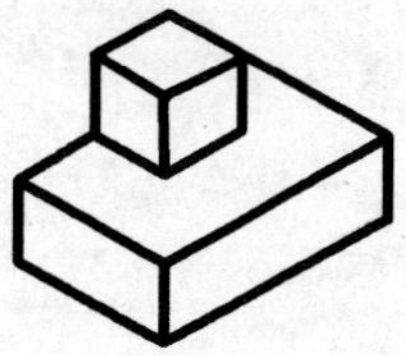
(6)

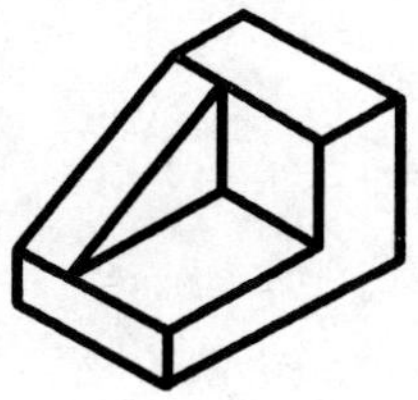
(7)

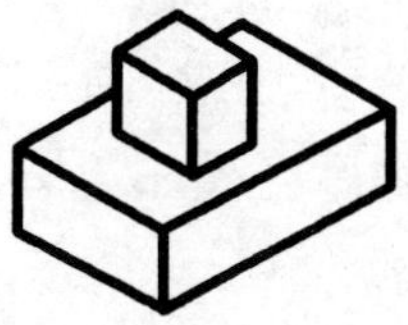
(8)

(9)

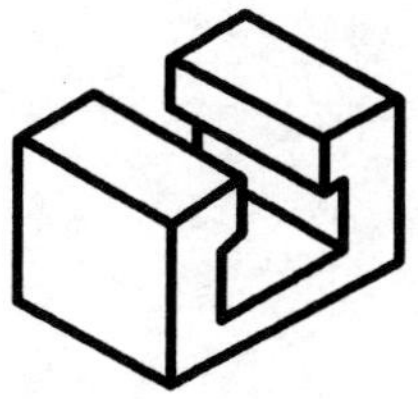
(10)

(11)

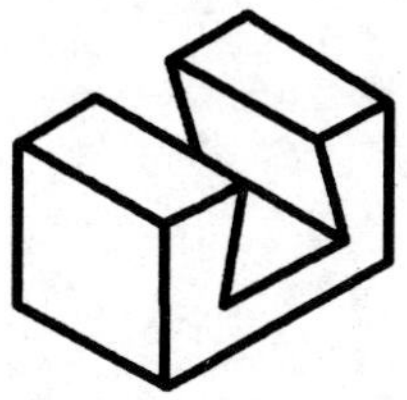
(12)

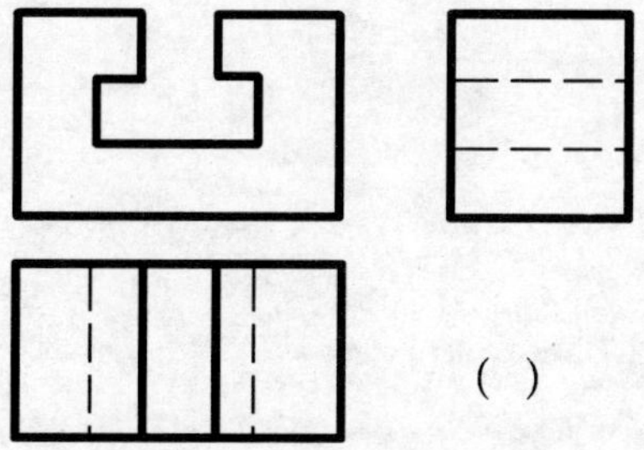
( )

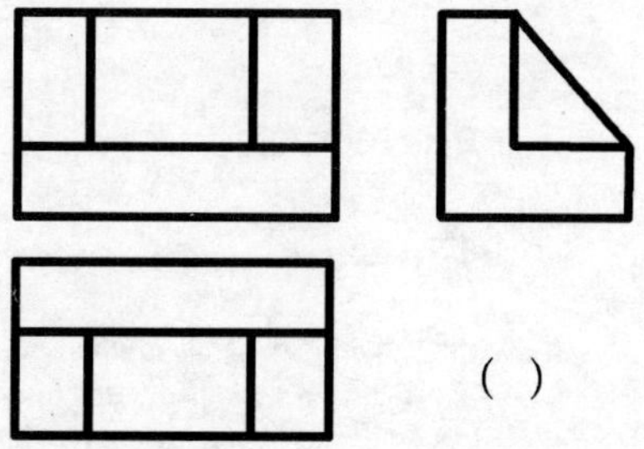
( )

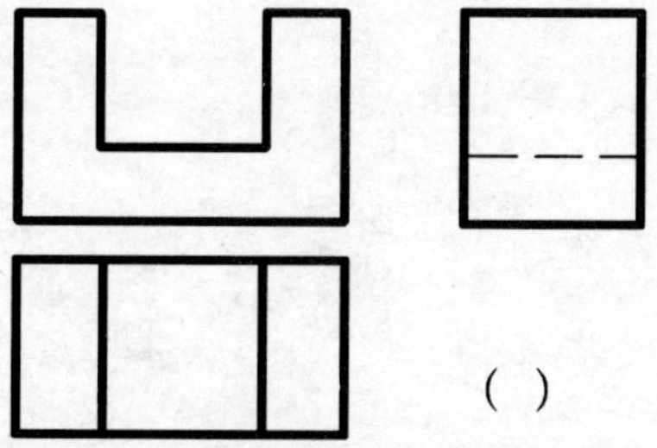
( )

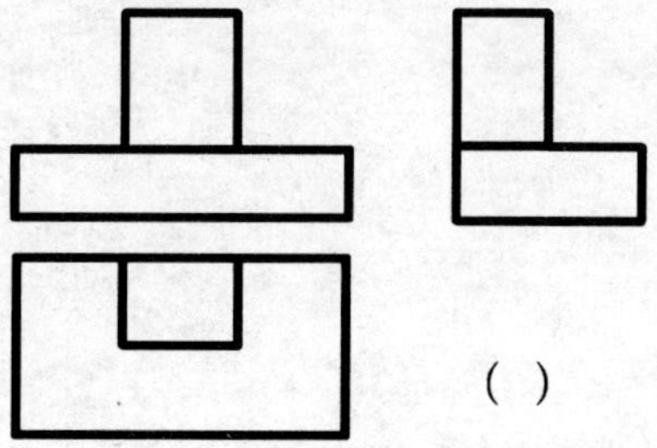
( )

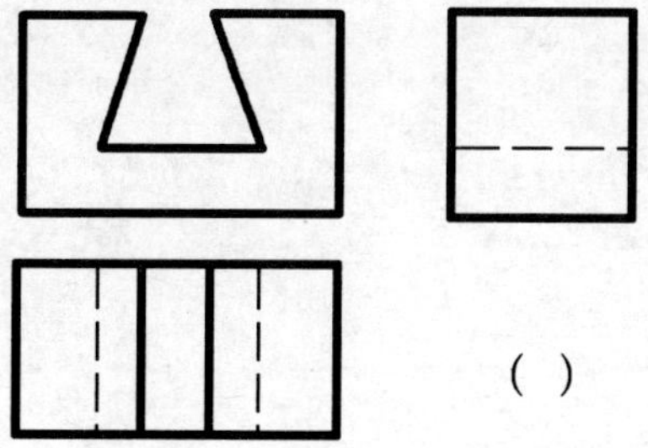
( )

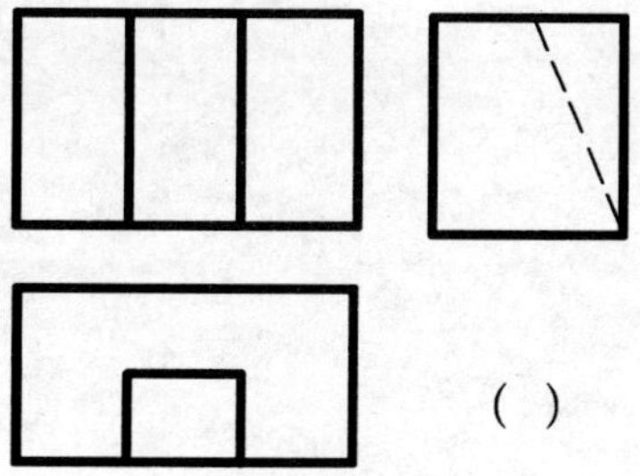
( )

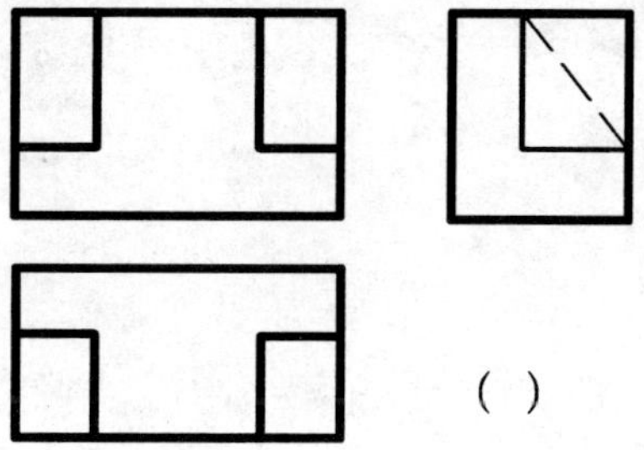
( )

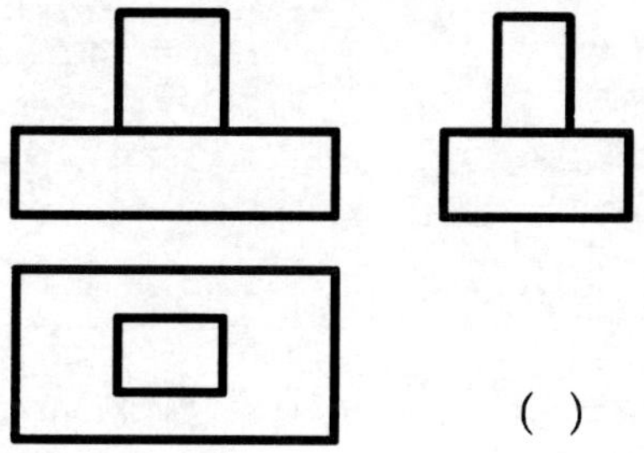
( )

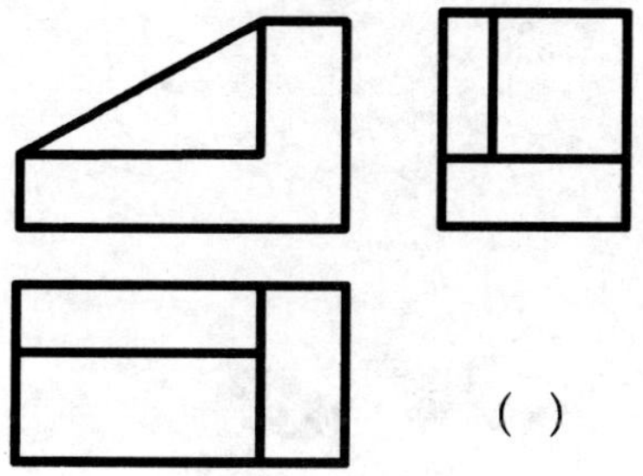
( )

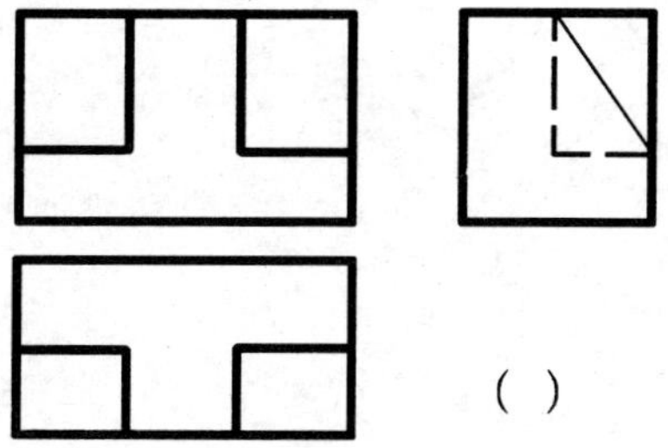
( )

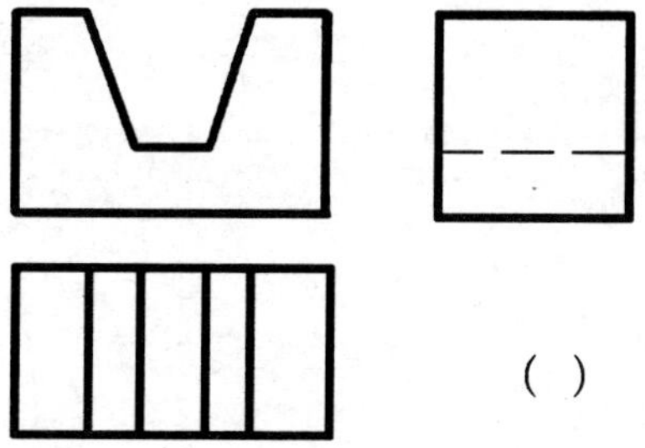
( )

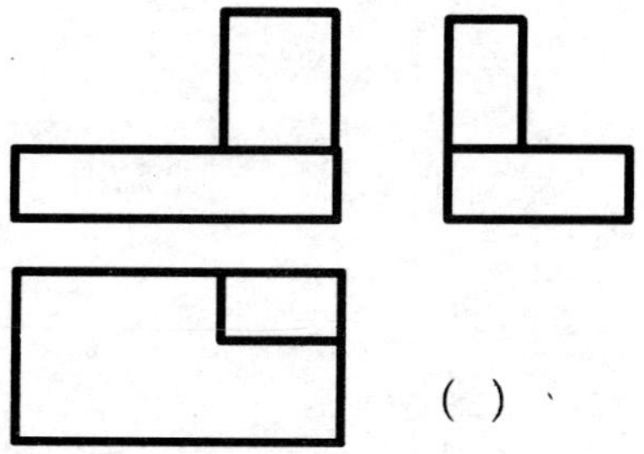
( )

2.根据组合体的立体图，补画组合体表面交线。

(1)

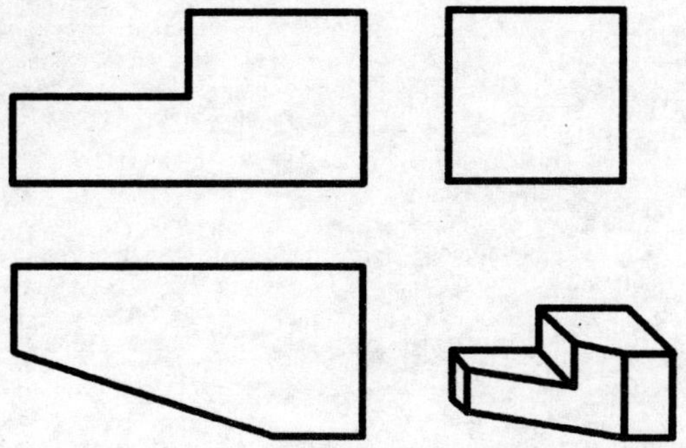

(2)

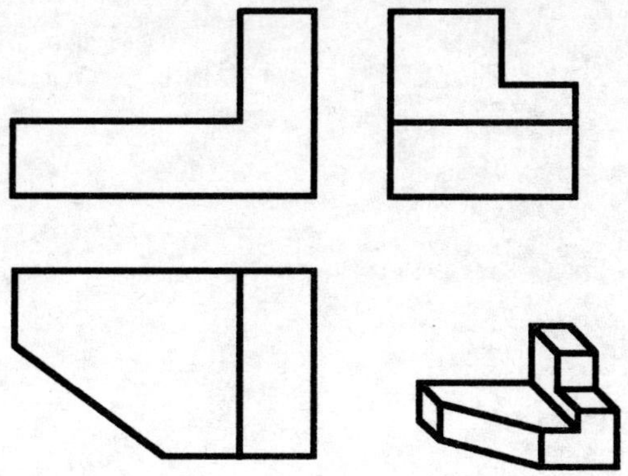

(3)

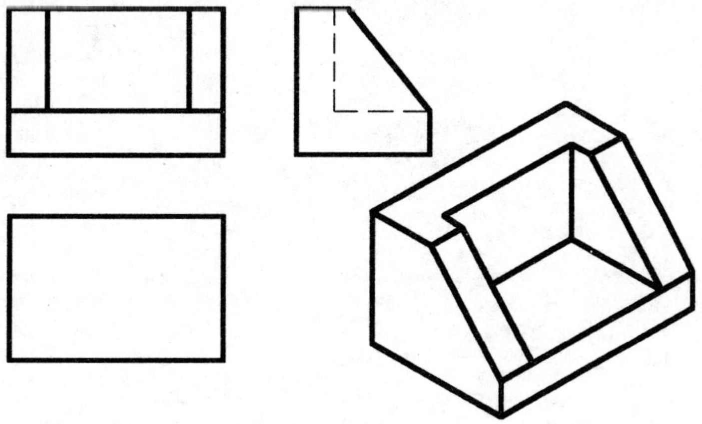

3.根据组合体轴测图作其三视图（尺寸在轴测图上按轴线方向 1：1 量取）。

(1)

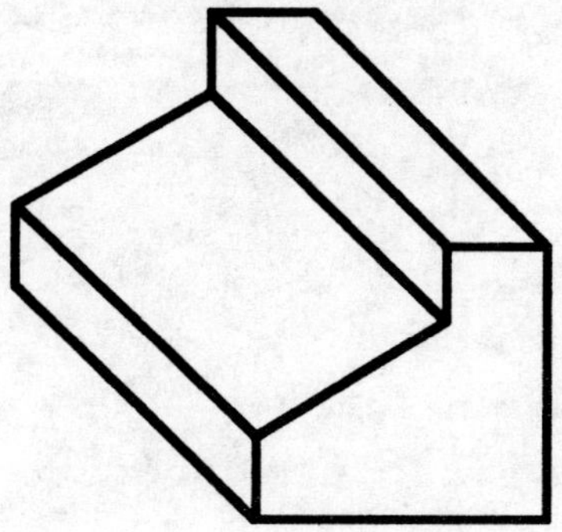

(2)

(3)

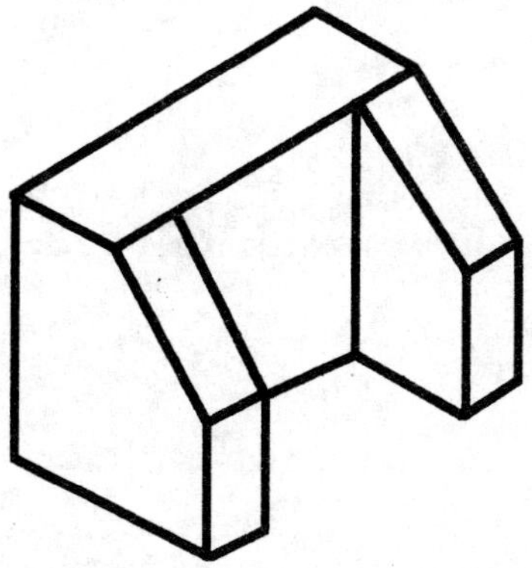

班级：　　学号：　　姓名：　　审阅：

(7)

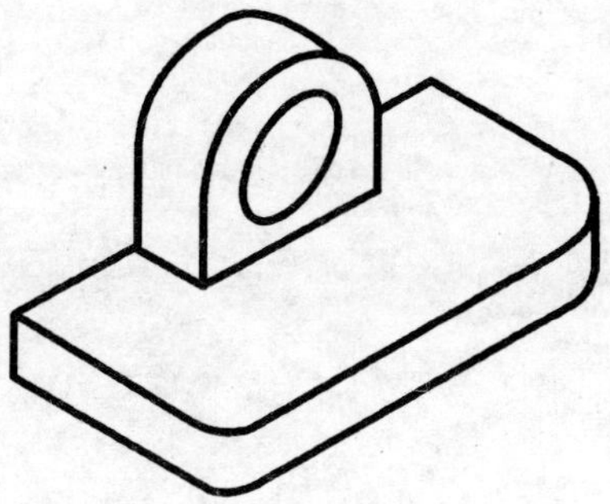

(8)

5.绘制组合体的三视图，并标注尺寸（可另附纸）。

(1)

(2)

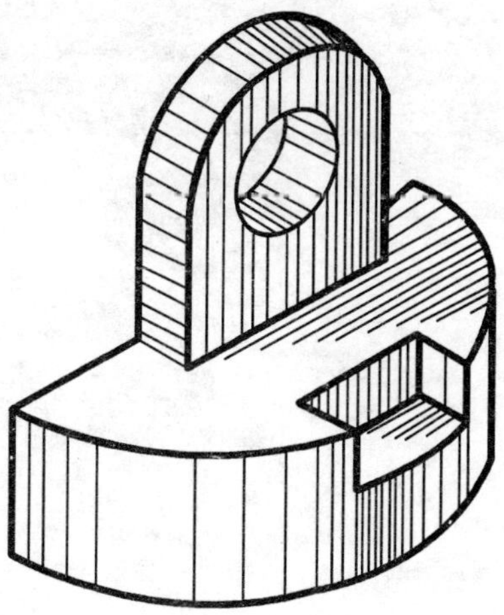

 班级: 学号: 姓名: 审阅:

6.根据形体的两面投影，选择正确的第三面投影（左正确投影下打√）。

(1)

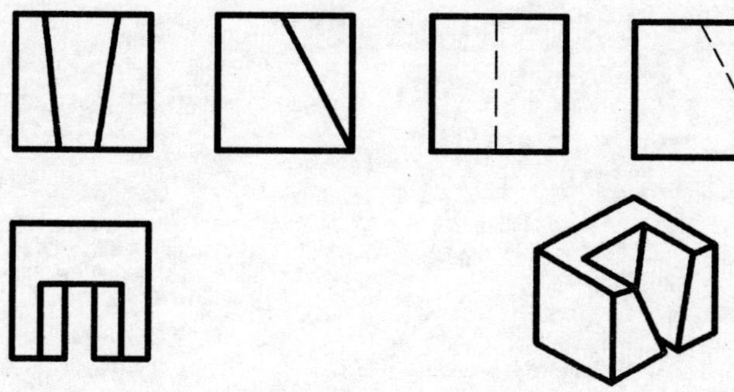

(2)

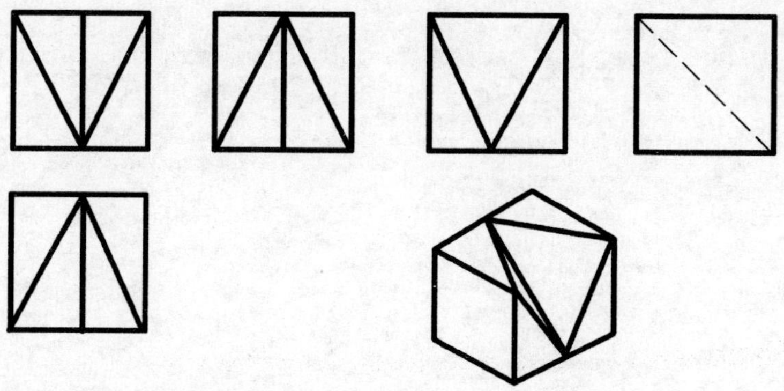

(3)

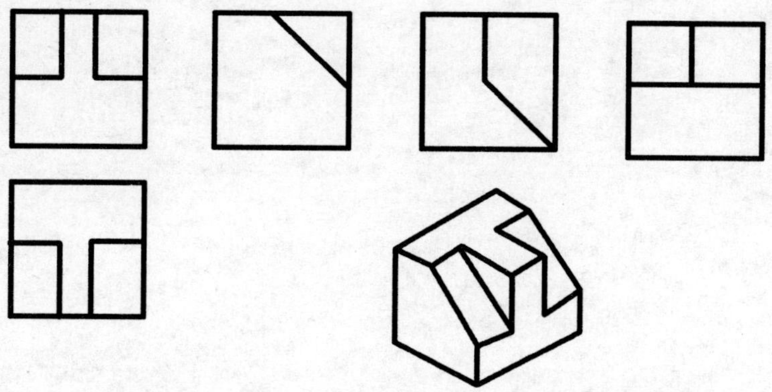

(4)

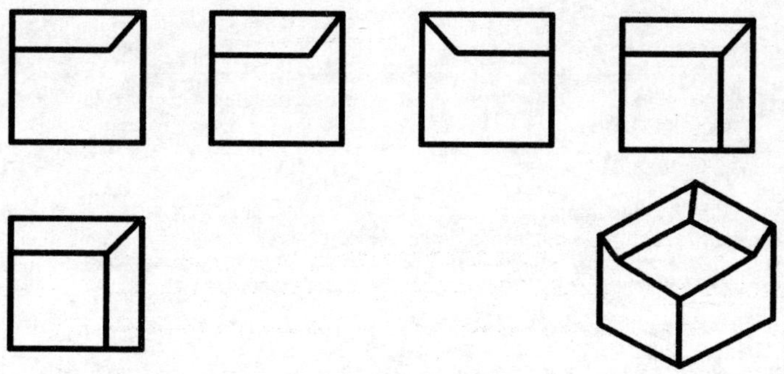

(5)

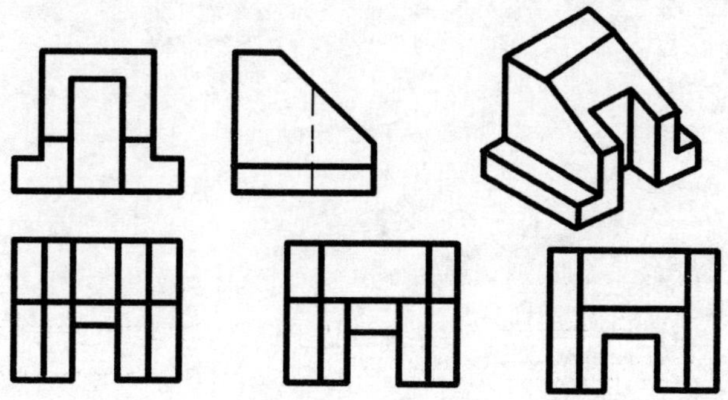

(6)

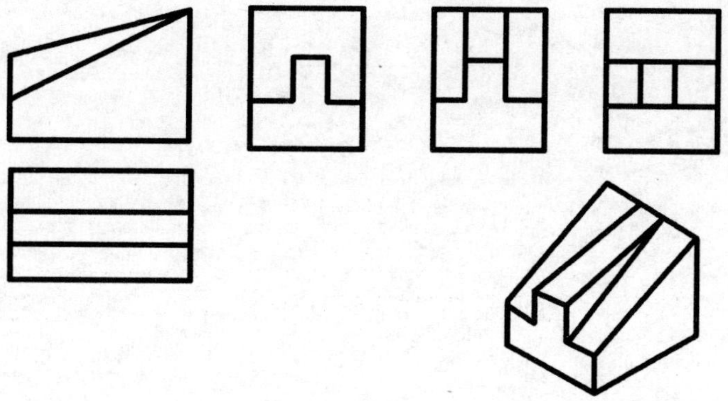

(7)

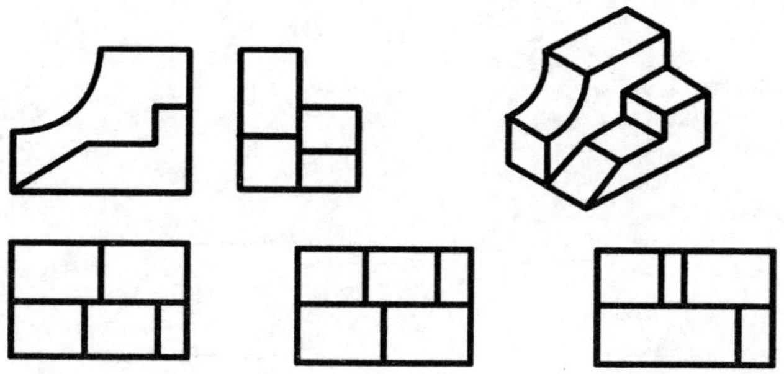

(8)

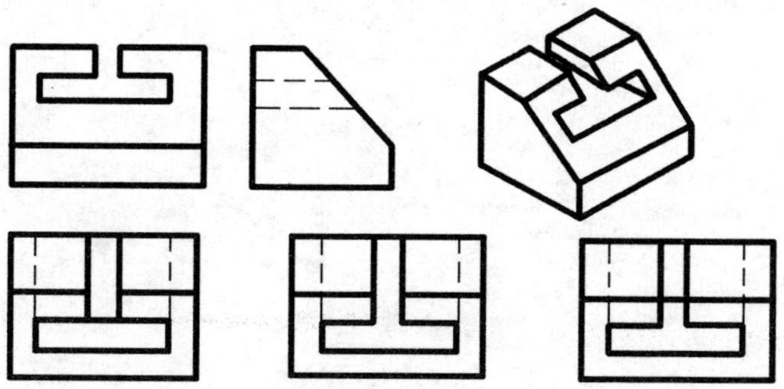

班级:　　学号:　　姓名:　　审阅:

7. 根据两面视图，想象组合体的形状，并补画第三面视图。

(1)

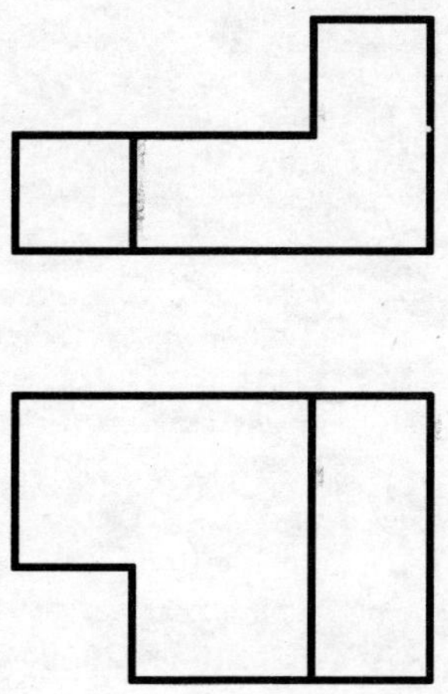

(2)

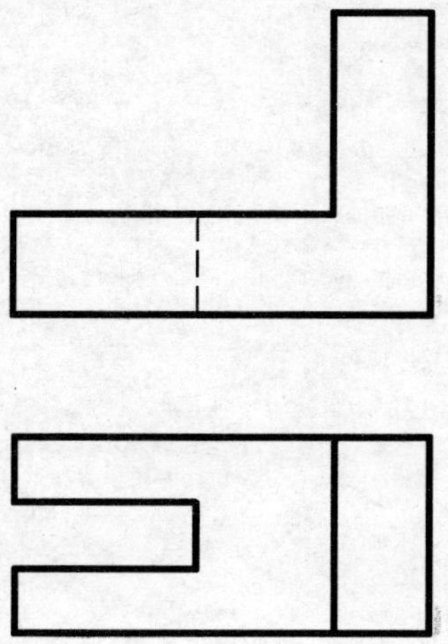

(3)

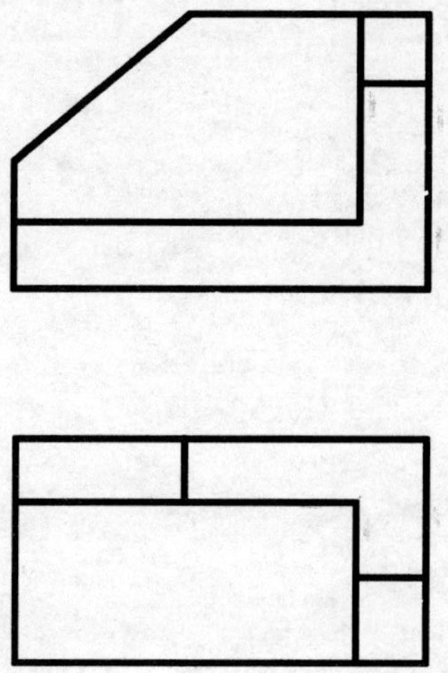

(4)

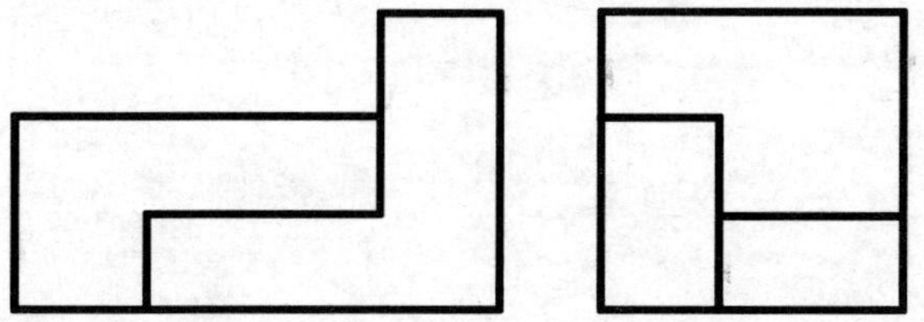

(5)

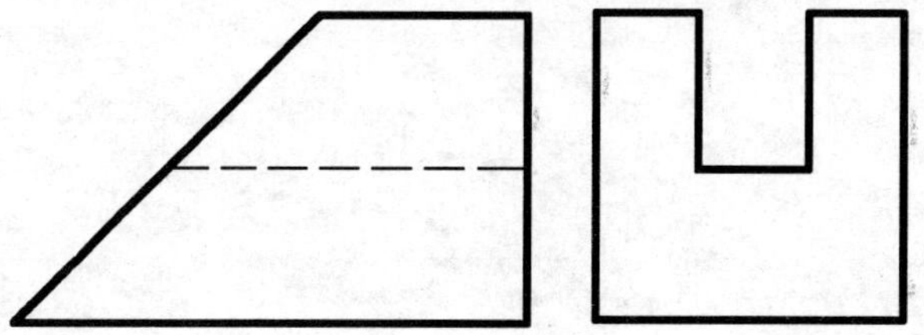

(6)

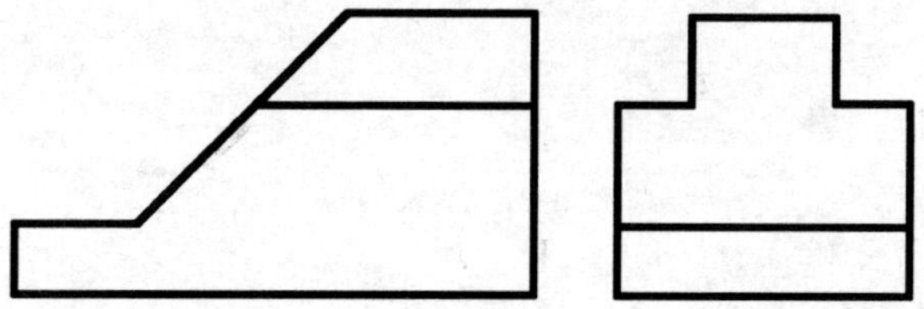

班级： 学号： 姓名： 审阅：

(7)

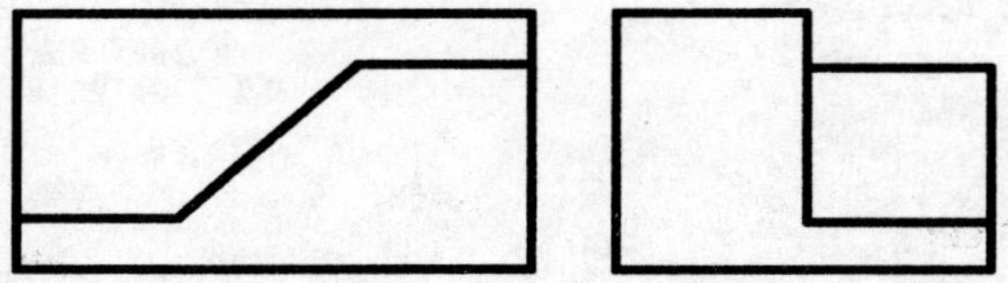

(8)

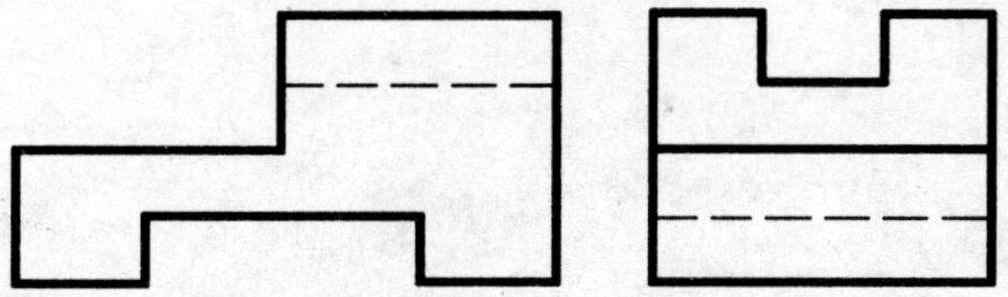

(9)

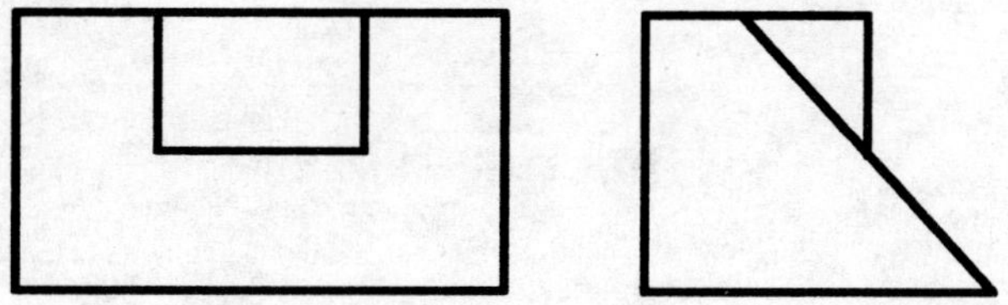

(10)

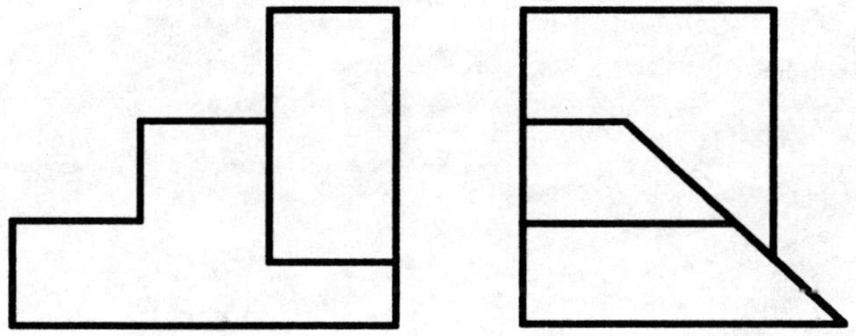

(11)

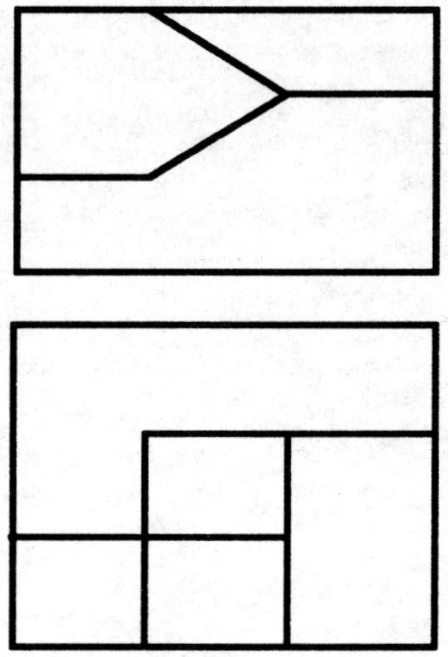

(12)

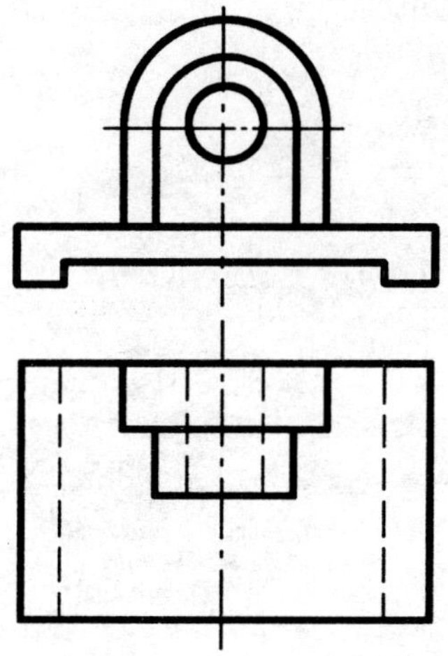

班级:　学号:　姓名:　审阅:

(4)

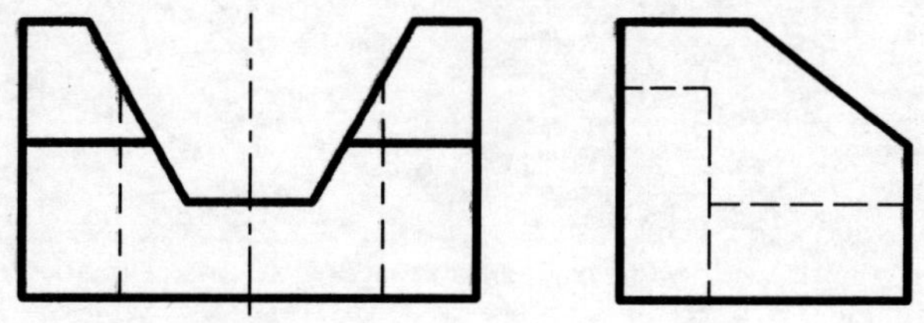

(5)

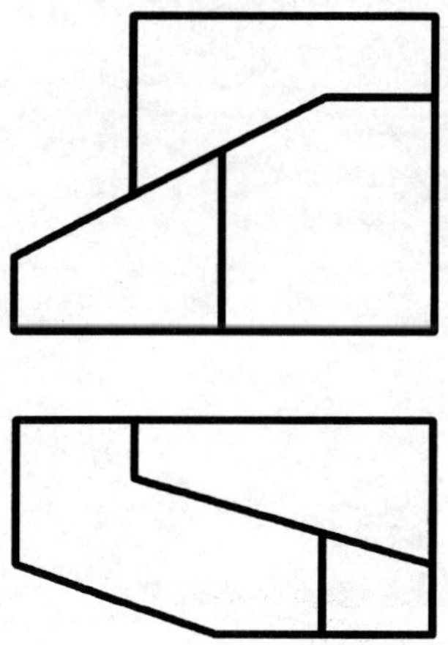

1.绘制形体的剖面图。

(1)

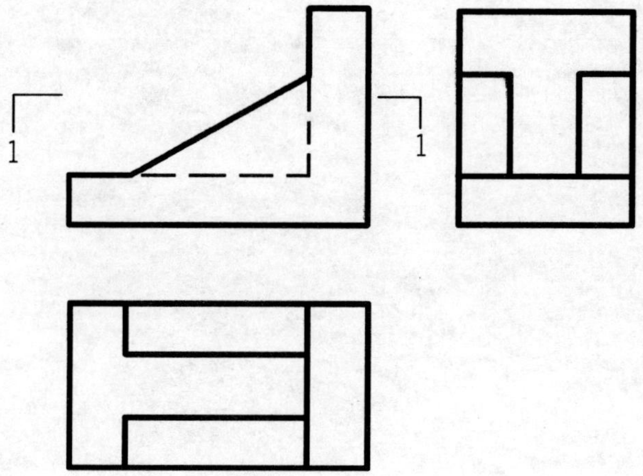

(2)

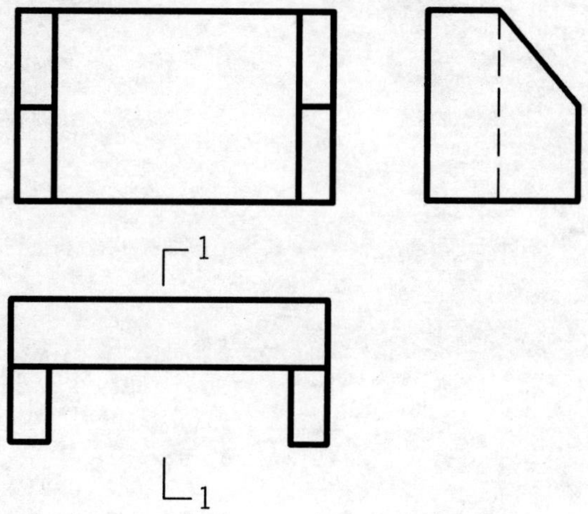

(3)

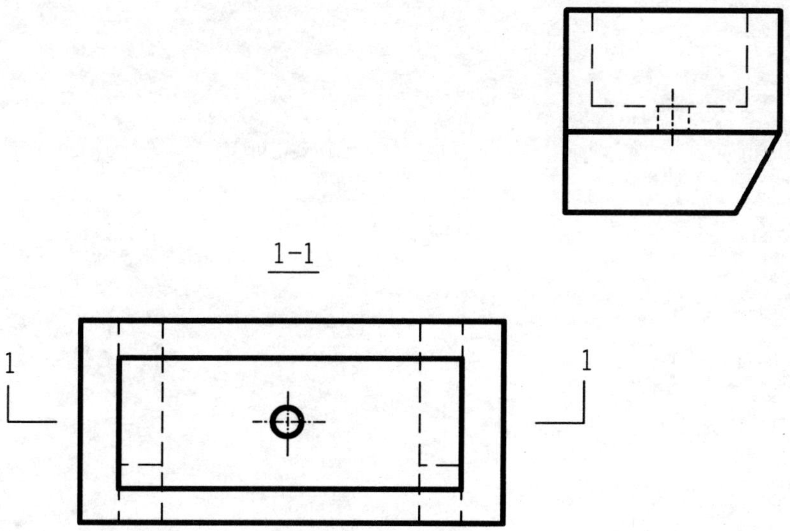

(4)

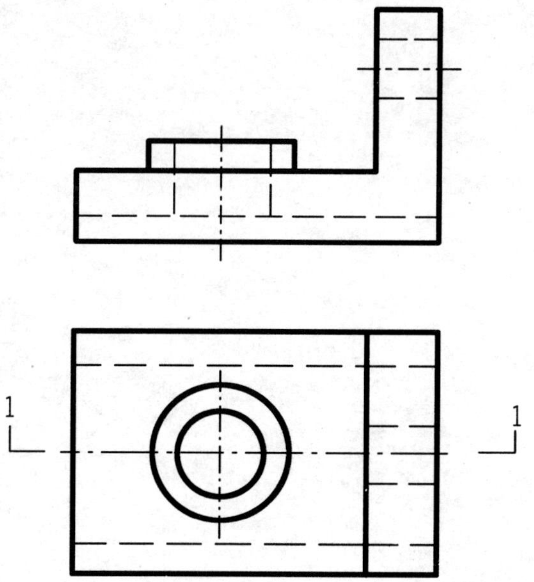

 班级: 学号: 姓名: 审阅:

2.已知形体的平面图已1-1剖面图，作出形体的2-2剖面图。

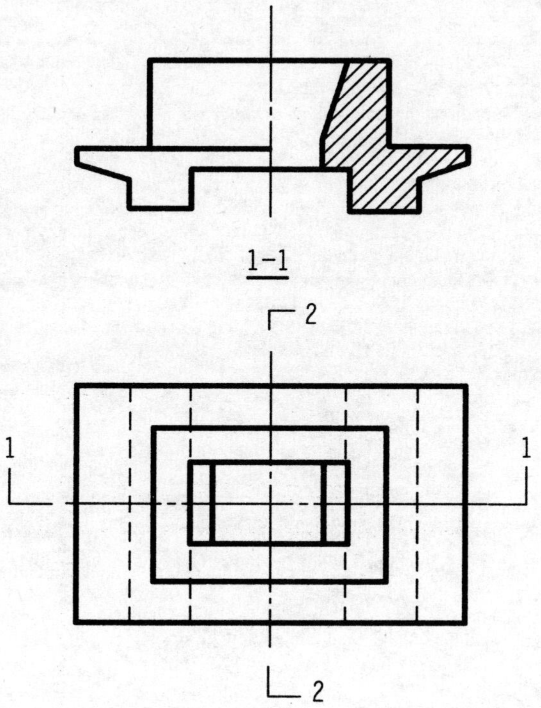

3.作出建筑物形体的2-2剖面图，材料为钢筋混凝土（雨篷伸出墙面的宽度与进门口平台伸出墙面的宽度相同）。

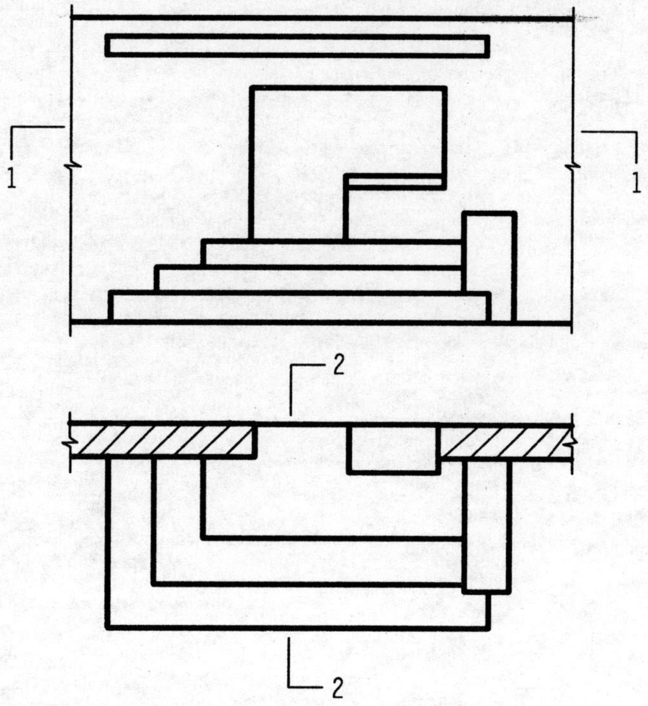

1-1 剖面图

 班级: 学号: 姓名: 审阅:

4.作校门建筑模型的 1-1 剖面图，材料为钢筋混凝土。

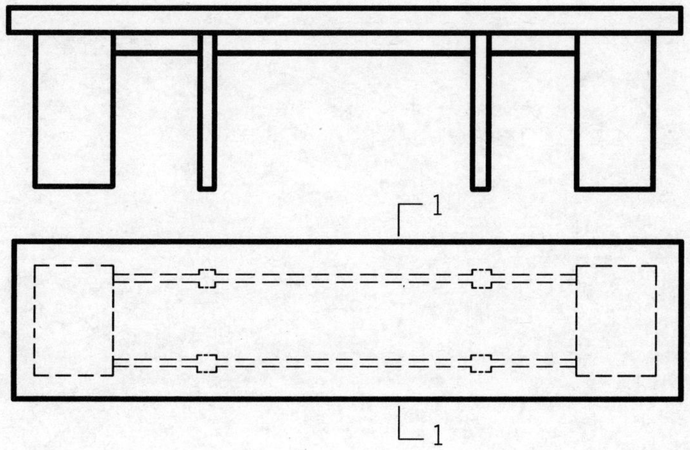

5.作建筑的 1-1 剖面图。

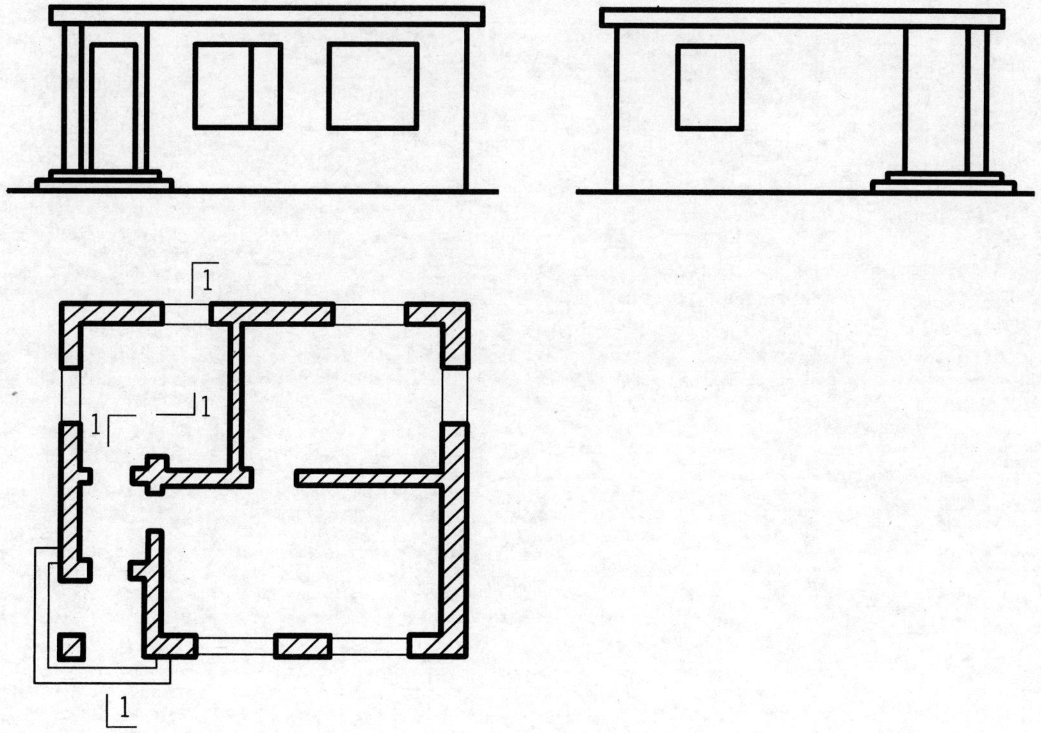

班级：　　　学号：　　　姓名：　　　审阅：

1. 绘制形体的断面图。

(1)

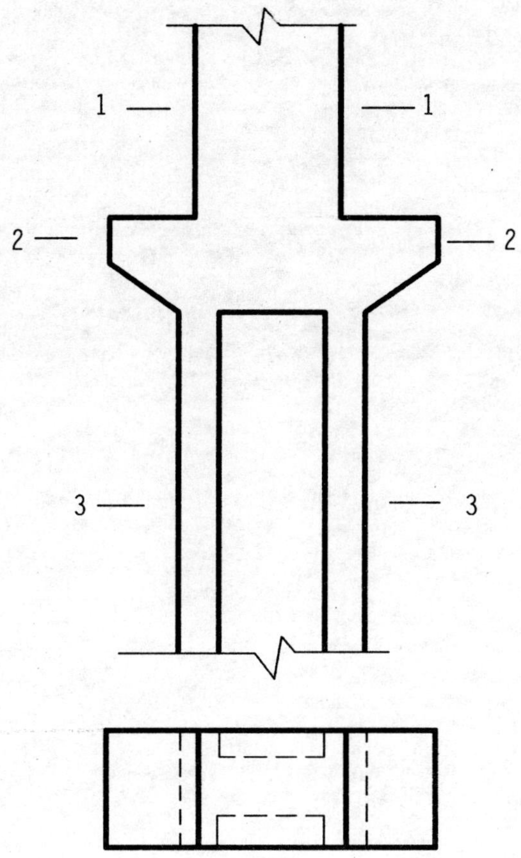

(2)

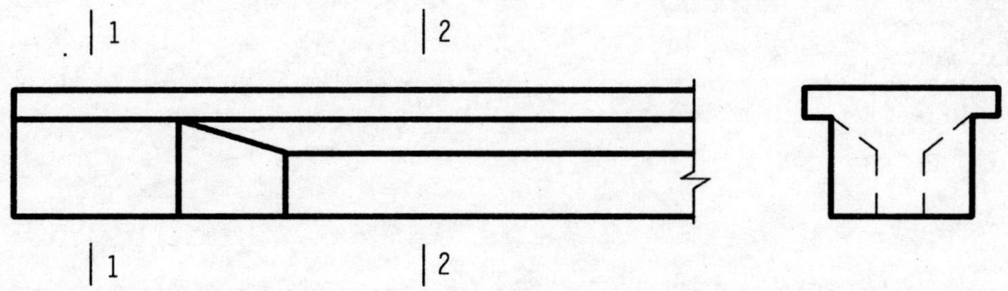

(3)

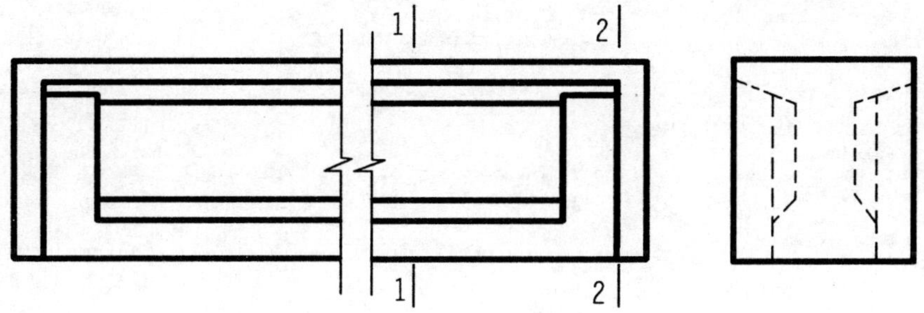

第7章 轴测投影

7-1 正轴测投影图

1.绘制形体的正轴测图。

(1)

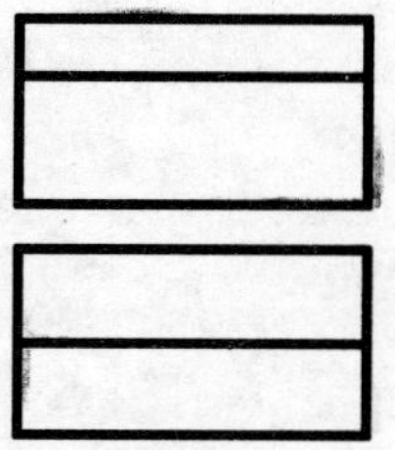

(2)

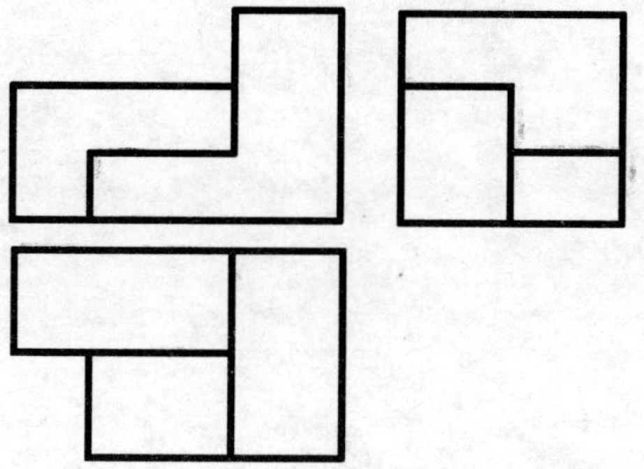

(3)

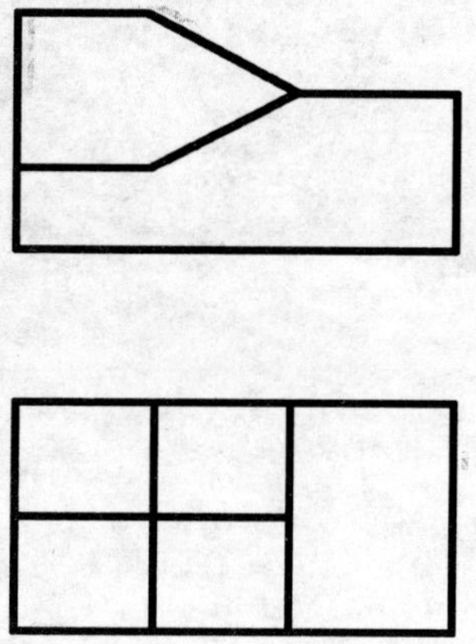

(4)

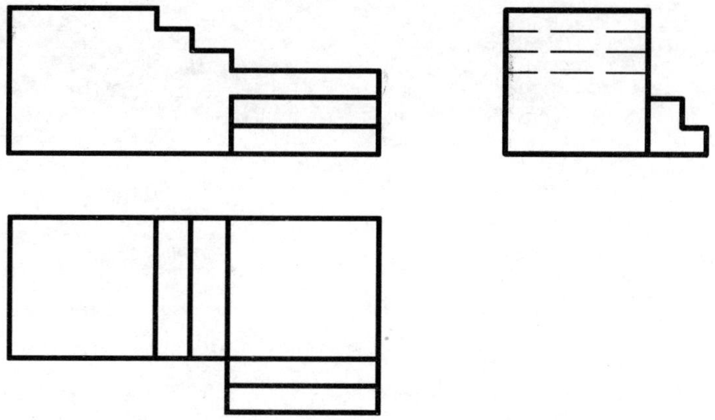

(5)

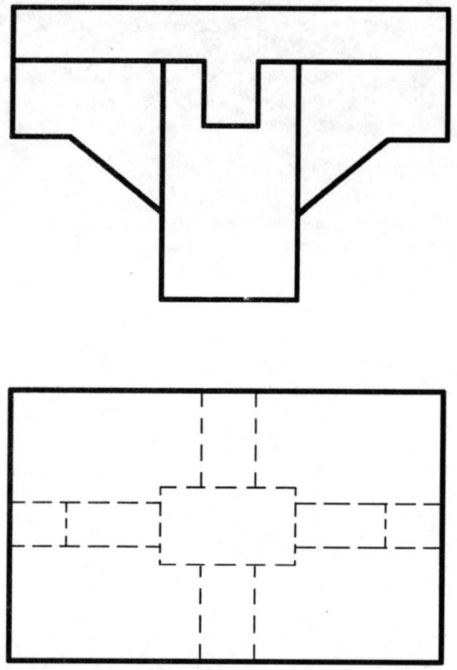

1.绘制形体的水平斜二测图

(1)

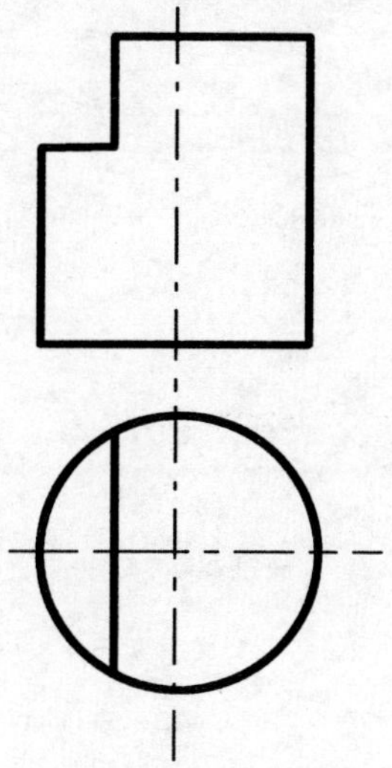

(2)

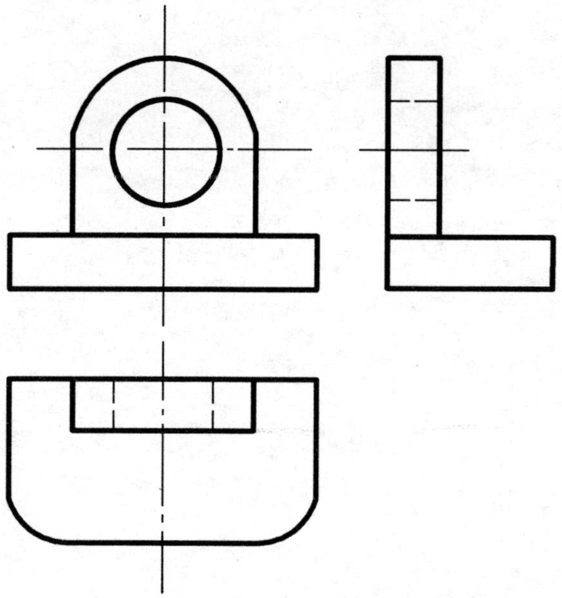

2.自选轴测种类及投射方向，画出下列形体的轴测图

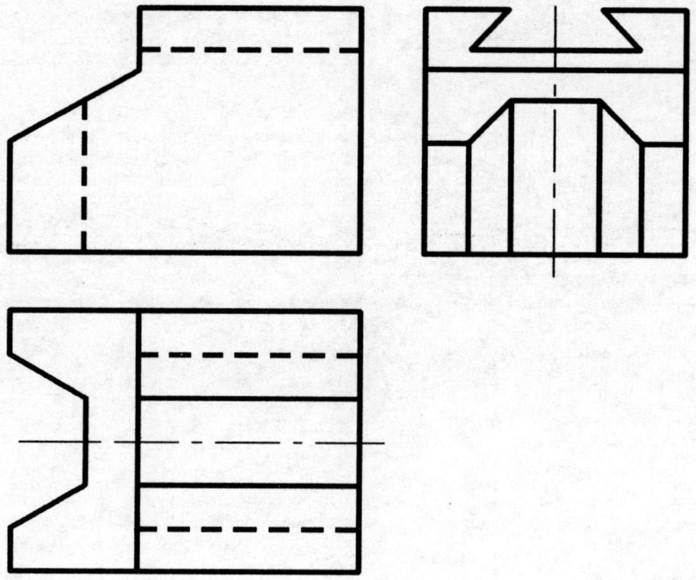

班级: 学号: 姓名: 审阅:

第8章　房屋建筑工程图

填充题

1.房屋主要是由＿＿＿＿、＿＿＿＿、＿＿＿＿、＿＿＿＿、＿＿＿＿和＿＿＿＿六部分组成。其中＿＿＿＿是建筑物的地下组成部分，起垂直交通作用的是＿＿＿＿。

2.房屋施工图按专业分工不同，分为＿＿＿＿、＿＿＿＿和＿＿＿＿三大类。其中建筑施工图包括＿＿＿＿＿＿＿＿＿＿图等。

3.定位轴线指的是＿＿＿＿＿＿＿＿＿＿。其编号应遵循的原则是：横向编号按＿＿＿＿＿＿＿＿＿＿顺序编写；纵向编号按＿＿＿＿＿＿＿＿＿＿顺序编写，但拉丁字母中的＿＿＿＿不得作为轴线编号。

4.绝对标高是指＿＿＿＿＿＿＿＿＿＿，而相对标高是以＿＿＿＿为零点。

5.识读图纸的一般步骤是：先＿＿＿＿＿＿＿＿＿＿，然后＿＿＿＿＿＿＿＿＿＿，最后＿＿＿＿＿＿＿＿＿＿。

6.指北针应用＿＿＿＿线画，其直径为＿＿＿＿，尾部宽度为＿＿＿＿。

7.引出线应以＿＿＿＿绘制，采用水平方向直线、与水平方向成＿＿＿＿、＿＿＿＿、＿＿＿＿、＿＿＿＿的直线。文字说明注写在横线的＿＿＿＿或横线的＿＿＿＿。

8.房屋建筑图的特点有：①＿＿＿＿＿＿＿＿＿＿；②＿＿＿＿＿＿＿＿＿＿；③＿＿＿＿＿＿＿＿＿＿；④＿＿＿＿＿＿＿＿＿＿。

9.索引符号的圆及直径均应以＿＿＿＿绘制，圆的直径为＿＿＿＿；详图符号应以＿＿＿＿绘制，直径为＿＿＿＿。

10.房屋按使用功能可以分为：＿＿＿＿＿＿＿＿＿＿、＿＿＿＿＿＿＿＿＿＿及＿＿＿＿＿＿＿＿＿＿三大类。

班级：　　学号：　　姓名：　　审阅：

第9章　房屋建筑工程图

自测题（通过读民用建筑图纸回答以下各题）

1. 本工程平面形状是______，一梯______户，______室______厅，一栋______单元，每户建筑面积______m^2，居住面积______m^2。

2. 建筑施工图中，横向定位轴线有______道，编号自左到右是______轴到______轴。

纵向定位轴线有______道，编号自下向上是______轴到______轴。横向定位轴线之间的距离是房间的______，纵向定位轴线之间的距离是房间的______。本工程南向房间的开间尺寸分别是______mm，进深尺寸分别是______mm；北向房间的开间尺寸分别是______mm，进深尺寸分别是______mm。

3. 底层的层高是______m，楼层的层高是______m。从室外地坪算起，建筑物的总高度是______m。底层地面、第二层楼面、第三层楼面、第四层楼面标高分别是______。

4. 建筑物的外窗高度是______m，从左向右各窗户的宽度分别是______m，窗台离地面的高度是______m。

5. 在楼梯详图中，楼梯间的开间和进深分别是______m，楼梯段宽度、平台宽度及栏杆扶手宽度分别是______m，每个踏步的宽度和高度是______m，该建筑物共有______个楼梯段，每个楼梯段分别有______个踏步。

6. 屋面的排水坡度是______，屋面防水层采用的是______防水材料，保温层材料是______，屋面板的厚度是______mm，其他各层楼板的厚度是______mm。

7. 在图纸中举例说明详图符号和索引符号表示的含义及代号。

8. 剖面图的剖切位置经过哪些轴线、哪些房间，表达哪些内容？

9. 楼梯间各层平面图表达有何不同？

10. 墙身节点详图表达了房屋哪些部分的详细构造尺寸？

11. 自己总结一套阅读建筑施工图的步骤和方法。

绘图作业要求

1. 阅读本习题集提供的住宅建筑施工图，完成自测题。
2. 抄绘图样：底层平面图、主立面图、剖面图、楼梯详图、墙身节点详图或由任课教师指定内容。
3. 比例为1∶100，图幅A2。
4. 线型分明，符合国家制图标准。
5. 铅笔加深，也可选图上墨线。

		豪园一期9号楼		编号:建施目录
				第一页共一页
		图纸目录		日期
序号	图号	名称	图幅	备注
1	建总施1	规划总平面图	A0	结合变更施工
2	建总施2	竖向规划总平面图	A0	结合变更施工
3	建总施3	建筑设计总说明	A1	结合变更施工
4	建施1	建筑设计总说明、建筑做法说明	A1	结合变更施工
5	建施2	门窗表总说明	A2	结合变更施工
6	建施3	门窗大样	A1	结合变更施工
7	建施4	地下室平面图	A2+	结合变更施工
8	建施5	首层平面图	A2—	结合变更施工
9	建施6	二～五层平面图	A2—	结合变更施工
10	建施7	六层平面图	A2+	结合变更施工
11	建施8	屋顶层平面图	A2+	结合变更施工
12	建施9	屋顶漂板层平面图	A2+	结合变更施工
13	建施10	(9-1)～(9-21)轴立面图	A2+	结合变更施工
14	建施11	(9-21)～(9-1)轴立面图	A2+	结合变更施工
15	建施12	(9-D)～(9-A)轴立面图\(9-A)～(9-D)轴立面图	A2+	结合变更施工
16	建施13	1-1剖面图	A2	结合变更施工
17	建施14	平面室内布置图	A1	结合变更施工
18	建施15	阳台及卫生间大样图	A1	结合变更施工
19	建施16	楼梯剖面大样图	A1	结合变更施工
20	建施17	墙身大样图	A1	结合变更施工
21	建施18	墙身大样图	A1	结合变更施工

审核		校对		编制	

 班级: 学号: 姓名: 审阅:

一、工程概况

1. 本工程为豪园一期9号楼，半地下室为商铺，一～六层均为住宅。
2. 本设计采用框架结构。
3. 主要技术经济指标：

住宅建筑面积：$3073m^2$　　半地下商铺建筑面积：$480m^2$

总建筑面积：$3553m^2$　　住宅层高：2.9m　　半地下室层高：3.0m

总高度：21.9m（最高点以飘板顶为准）

二、设计依据

1. 规划部门提供规划定点通知书。
2. 经规划部门和甲方同意的扩初设计方案。
3. 相关规范和标准：

《建筑设计防火规范》（GBJ 16—87）　　《民用建筑设计通则》（JGJ 37—87）

《住宅设计规范》（GB 50096—1999）　　《住宅建筑设计标准（山东省标准）》（DBJ 14—S1—2000）

民用建筑节能设计标准（采暖居住建筑部分）山东省实施细则（JDBJ 14—S2—98）

屋面工程技术规范（GB 50207—94）

三、建筑设计

1. 本工程设计标高±0.000相当于绝对标高（黄海标高）35.950m。
2. 建筑面积：$3749.7m^2$
3. 建筑层数：六层
4. 建筑耐久年限：二级（50～100年）
5. 建筑耐火等级：二级
6. 建筑物抗震设防烈度：七度
7. 屋面防水等级按Ⅱ级设计，二道防水，具体要求见《屋面工程技术规范》（GB 50207—94）。
8. 本工程图纸所注尺寸除总平面及标高以m为单位，其余尺寸均以mm为单位。
9. 轻钢雨篷，灯箱等由供应厂方另行出图。
10. 本施工图需与结构、给排水、电气、空调、动力等有关专业图纸密切配合施工。
11. 有关施工安装和质量验收均须严格遵守国家现行的各项规范及规定。

四、墙体

1. 除注明外，住宅外墙、分户墙、内隔墙、梯间墙为240mm加气混凝土砌块，内隔墙采用120mm空心黏土砖其施工技术要求及锚固连接应严格按有关规定进行。
2. 两种不同材料墙体接缝处，沿缝贴300mm钢板网，然后再进行墙面抹灰施工。
3. 凡墙洞或门窗洞做过梁，其断面及配筋详见结构设计总说明。
4. 凡砖墙需做钢筋混凝土圈梁时其断面及配筋详见结构设计总说明。
5. 墙体与窗棂直接交接处，用不燃岩棉填实，端部用建筑胶封严。
6. 所有墙身于−3.060标高处做20厚1∶2水泥砂浆加相当于水泥重量5%防水剂的防潮层。

五、外装修

外墙粉刷及贴面材料分格线详见立面图，分格缝宽25mm，深10mm。凹缝内刷黑水泥浆一道后喷涂。

六、内装修

1. 室内混合砂浆粉刷墙、柱及门洞口阳角处均做每侧50宽，2000高，20厚1∶2水泥砂浆护角。
2. 汽车库、仓库等柱脚须加做2000高L60×5角钢或5厚钢板护角。
3. 凡风道烟道竖井内壁砌筑灰缝需饱满，并随砌随原浆抹光，其余有检修门之管道井内壁做混合砂浆粉刷。
4. 凡砖砌电梯井道内壁随砌随原浆抹光，钢筋混凝土电梯井不做粉刷。
5. 有吊顶房间墙、柱和梁粉刷或装饰面仅做到吊顶标高以上100mm。
6. 水池、水箱内壁均做20厚1∶2水泥砂浆加5%防水剂，面贴5厚白色瓷板。
7. 凡木料与砌体接触部位均须满涂防腐油。
8. 墙体面层喷涂或油漆须待粉刷基层干燥后进行。

七、楼地面

1. 室内地面混凝土垫层纵横设缝（纵向平头缝，横向假缝）分仓大小为6m×6m。
2. 细石混凝土地面面层划分6m×6m分格缝，分格缝与垫层缩缝对齐10mm缝宽内填沥青玛缔脂。
3. 水泥砂浆地面面层分格缝间距根据房间大小可适当调整为3～6m，水泥砂浆分格缝应与垫层缩缝对齐。
4. 现浇水磨石楼地面面层应分格，除特殊注明者外，一般普通水磨石面层用3厚玻璃条分格，彩色水磨石面层用2厚铜条分格，分格大小为1m见方。
5. 凡室内经常有水房间（包括室外阳台）应设地漏。楼地面应找不小于1%排水坡度坡向地漏。
6. 建筑物四周铺砌地面者应做散水，散水900宽，做法详LJ105—6/13，散水坡度3%，纵向每12m做一道伸缩缝，散水与外墙设20宽缝，其缝内均填沥青砂浆。
7. 除特殊注明者外，门外踏步坡道，混凝土垫层厚度做法同地面。
8. 高层建筑电缆井，管道井每层在楼板处用相当于楼板耐火极限的非燃烧体做防火分隔。
9. 建筑物四周应做暗沟，暗沟250宽，做法详见水施图。

八、屋面

1. 基层与突出屋面结构（女儿墙、墙、变形缝、烟囱、管道、天沟、檐口等）的转角处水泥砂浆粉刷均做成圆弧或钝角。
2. 凡管道穿屋面等屋面留洞孔位置须检查核实后再做防水材料，避免做防水材料后再凿洞。
3. 屋面排水雨水口选用铸铁型雨水斗，穿女儿墙处雨水斗选用通用标准图制作屋面找坡坡向雨水口。雨水口位置及坡向详见屋面平面图。
4. 高屋面雨水排至低屋面时，应在雨水管下方屋面铺放一块490×490×30细石混凝土板保护。
5. 屋面与墙身或女儿墙交接处，走廊，露台与墙身或女儿墙交接处，防水涂料需沿墙反上250mm。

九、门窗

1. 一般标准木门选用全国通用标准图集。
2. 高标准装修木门须选用硬木高级成品木门。
3. 塑钢门窗立面分格及开启形式详见门窗大样图。塑钢门窗框料颜色白色。技术要求、断面构造（包括风压要求）由生产厂家提供加工图纸，并按设计要求及甲方要求配齐五金零件，经设计单位及使单位认可后方能施工。除特别注明外，塑钢门玻璃选用5×5×5厚，无色透明中空玻璃，塑钢窗选用5×5×5厚，无色透明中空玻璃。中空玻璃内部玻璃为5mm玻璃，外部玻璃为5mm玻璃，中空层为5mm厚，有特殊要求的见门窗大样。
4. 门窗立樘位置除注明者外均立墙中。
5. 木门窗、塑料门窗除注明者外，内开门窗立樘平开启方向墙粉刷面，外开门窗立樘于墙中，立樘平墙面粉刷者加贴脸。
6. 防火门、防盗门、卷闸门等特殊加工门窗埋件由制作厂家提供按要求预埋。
7. 门窗预埋在墙或柱内的木、铁构件，应做防腐、防锈处理。

班级：　　学号：　　姓名：　　审阅：

十、油漆

1.钢门窗用红丹(防锈漆)打底，面刷色调和漆二度。

2.木门窗刮腻子打底，正面刷一底二度棕黄色色调和漆，背面刷一底二度棕黄色色调和漆。

3.所有金属制品露明部分用红丹(防锈漆)打底，面刷调和漆二度，颜色同所在墙面颜色。不露明的金属制品仅刷红丹二度所有金属制品刷底漆前应先除锈。

4.所有金属栏杆部分用红丹(防锈漆)打底，面刷调和漆二度，颜色为白色调和漆。

十一、防火处理

1.所有外露钢结构件均刷防火涂料，其做法如下：

(1)喷刷罩在涂料一遍。

(2)喷刷5厚BFG8911钢结构膨胀型防火涂料(分3次涂刷，耐火极限为107min)。

(3)刷防锈漆两遍。

(4)清除灰尘及铁锈。

2.所有木制装修构件(木板、木龙骨、木制纤维板、木制复合板等)底层均刷防火涂料，然后再做饰面装修，其做法如下：

(1)喷刷FS—9112饰面防火涂料两遍(涂料耗量不少于750g/m^2，耐火极限为30min)。

(2)腻子填补洞眼、缝隙、用砂纸磨光。

(3)消除灰尘、油污。

十二、女儿墙及泛水

1.详见平面图及剖面图、女儿墙大样所示大样选型。

2.透气管出屋面构造：详见LJ104 $\frac{1}{20}$。

3.屋顶通风设备基础防水处理详见各专业图集。

4.设备基础设计详见产品要求，预埋件位置待设备订货后确定。

十三、楼地面说明

1.除注明外，各层厨房、卫生间标高低于室内标高20mm，阳台标高低于室内标高30mm，坡度为1%，坡向地漏。

2.管道穿楼板时采用预埋套管法，套管应高出楼面0.05m。管道与套管之间用沥青麻丝填塞严密。

十四、防潮、防腐、防锈处理

1.所有与砖、混凝土、陶粒混凝土接触的木活均在接触面涂刷防腐油一道。

2.所有露明铁件，除注明外均刷防锈漆一道，面层刷灰铅油两道。

十五、防水说明

1.本工程屋面防水等级为II级，防水层耐用年限15年。

2.地下工程电房为I级防水，其余均为II级防水。

3.本工程卫生间厨房的内墙、底板均做防水涂料防水层。

十六、节能设计

各部分围护结构均做节能设计，达到节能要求，具体做法如下：

1.外墙采用240厚加气混凝土砌块，外挂钢丝网，确保防水防裂，冷桥处外贴20厚SB板，内墙采用120厚空心黏土砖。

2.屋面保温采用100厚膨胀珍珠岩。

3.外窗采用保温和气密性优良的塑钢中空玻璃窗。

4.阳台门为塑钢中空玻璃门，在门板芯层设轻质高效保温材料。

5.北阳台封塑钢单层玻璃窗，同时阳台栏板内侧抹NFA复合保温砂浆厚25。

十七、其他

1.本工程所有装饰材料由建设单位选定，材料颜色包括墙、楼地面、油漆等施工单位均应先做色板，经设计单位和使用单位商定后，方可订货及大面积施工。

2.凡贴墙、柱、楼地面的大理石、磨光花岗石颜色及纹理须经试排确定后方可施工。

3.凡二次装修房间楼地面不做面层，墙面、顶棚抹灰仅做打底不做面层。计划有吊顶房间者顶棚及高于吊顶标高100以上墙面不做抹灰。

4.本工程除特殊注明外，一般商场中货架、橱窗等设施，厨房、灶台、厨具均由使用单位自理。

5.建筑物屋面应设避雷带(位置详见电气专业施工图)。

6.给排水管位置详见水施图。

7.本施工图未经设计人员同意不得擅自修改。

8.本工程所有窗顶线、窗台线、飘檐线均应做滴水线。

9.本说明未详尽之外严格按照国家建筑行业标准执行。

十八、施工注意事项

1.管道穿过隔墙楼板时，应采用非燃烧材料将周围空隙紧密堵塞(水泥砂浆)。

2.加压送风井道壁随砌随抹光。

班级：　学号：　姓名：　审阅：

	编号	名称	使用部位	备注	适用条件
1.散水	散 2	混凝土水泥散水	全部	宽度 1 000	
2.地面	地 10	混凝土防潮地面	除注明外全部		防潮地下室地面
3.楼面	楼 4	细石混凝土楼面	除注明外全部	垫层厚度改为 70	
	楼 7	细石混凝土防水楼面	卫生间，厨房	垫层厚度改为 70	
	楼 17	铺地砖楼面	楼梯间		
4.内墙	内墙 6	混合砂浆抹面	除注明外全部	涂料用户自理	空心砖砖墙
	内墙 8	混合砂浆抹面	外墙内侧	涂料用户自理	加气混凝土墙
	内墙 9	水泥砂浆抹面	地下室，卫生间，厨房	涂料用户自理	空心砖砖墙
	内墙 11	水泥砂浆抹面	地下室，卫生间，厨房	涂料用户自理	加气混凝土墙
5.外墙	内墙 34	贴面砖墙面	颜色位置详立面所注		加气混凝土墙
6.踢脚	踢 2	水泥砂浆踢脚	水泥楼地面处	高 150	
	踢 9	地砖踢脚	楼梯间	高 150	
7.顶棚	棚 3	抹灰顶棚	除注明外全部	刷白色内墙涂料	
	棚 5	水泥砂浆顶棚	地下室，卫生间，厨房	刷白色内墙涂料	
	屋 14	细石混凝土防水屋面雨篷			
8.屋面	屋 28	卷材防水膨胀珍珠岩保温屋面	非上人屋面	屋面保温采用 100 厚膨胀珍珠岩保温板	
	屋 46	铺地砖上人屋面	上人屋面	屋面保温采用 100 厚膨胀珍珠岩保温板	
9.油漆	油漆 18	木材面油漆	木门 木件	颜色另定	
	油漆 38	金属面油漆	管子 铁件	颜色另定	
10.涂料	涂 7	乳胶漆耐擦洗内墙涂料	见内墙和顶棚说明	白色	

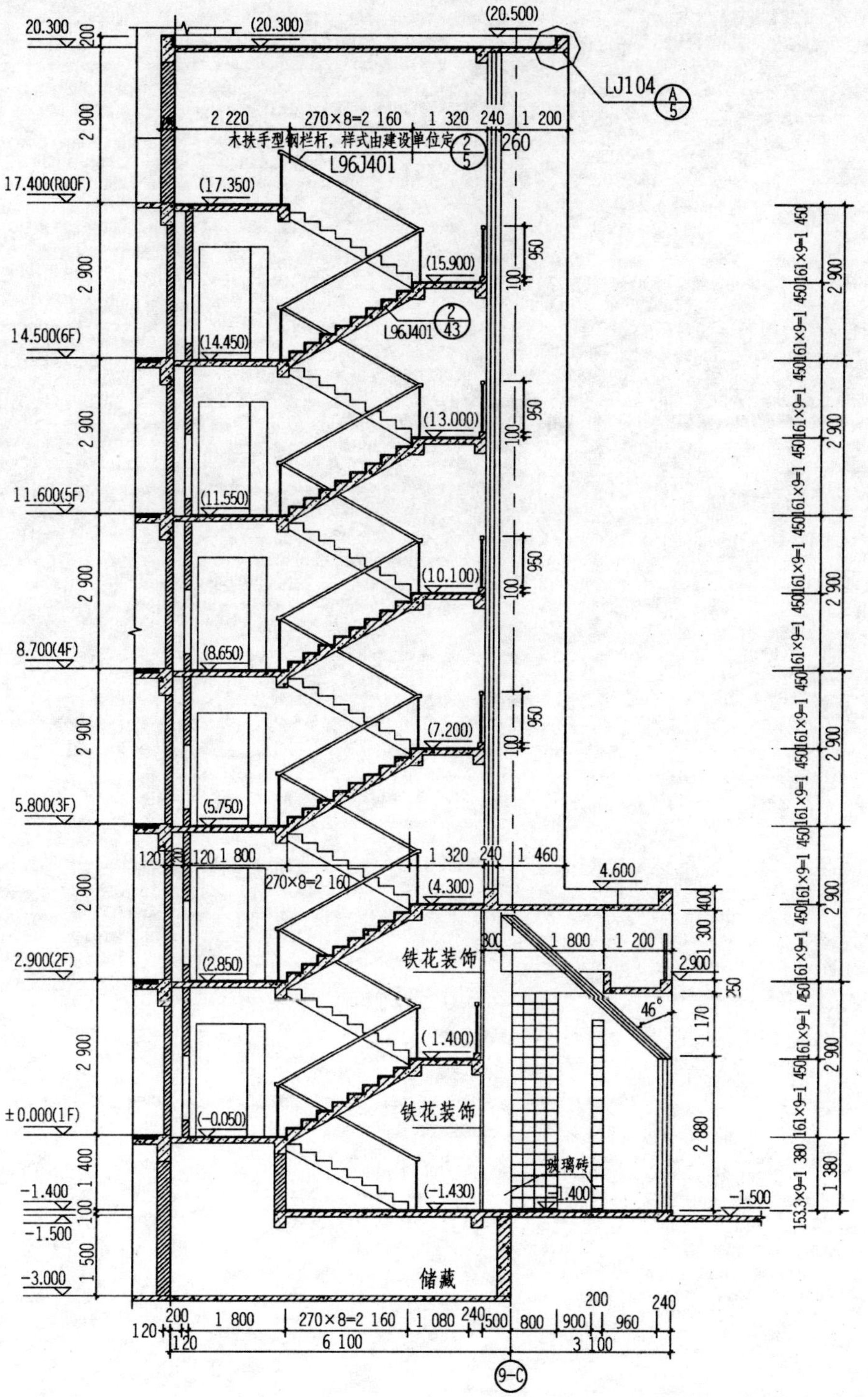

班级:　　学号:　　姓名:　　审阅:

门窗表总说明

门窗类型	代号	编号	洞口尺寸 宽×高	标准图号	材料说明	数量 总数	-1F	1F	2F	3F	4F	5F	6F	ROOF	备注
木门 铁门	M1	详大样	1200×2100	参照L92J601	防盗门	24		4	4	4	4	4	4		
	M2	详大样	900×2100	参照L92J601	双面夹板门，腻子打底，底油一道，调和油两道	72		12	12	12	12	12	12		
	M3	详大样	700×2100	参照L92J601	双面夹板门，腻子打底，底油一道，调和油两道	48		8	8	8	8	8	8		
	M4	详大样	800×2100	参照L92J601	双面夹板门，腻子打底，底油一道，调和油两道	24		4	4	4	4	4	4		
	M5	详大样	700×2100	参照L92J601	双扇平开门	24		4	4	4	4	4	4		
	M6	详大样	700×1800	参照L92J601	双扇平开门	24		4	4	4	4	4	4		
	M7	详大样	900×2100		玻璃门	2								2	
塑钢门	LM1	详大样	1800×2320	参照L90J605	塑钢窗中空玻璃(5+5+5)，框白色	24		4	4	4	4	4	4		三轨框料
	LM2	详大样	2800×2320	参照L90J605	塑钢窗中空玻璃(5+5+5)，框白色	2		2							三轨框料
	LM3	详大样	3200×2320	参照L90J605	塑钢窗中空玻璃(5+5+5)，框白色	2		2							三轨框料
	LMC1A	详大样	1950×2400	参照L90J605	塑钢窗中空玻璃(5+5+5)，框白色	12		2	2	2	2	2	2		
	LMC1	详大样	1950×2400	参照L90J605	塑钢窗中空玻璃(5+5+5)，框白色	12		2	2	2	2	2	2		
	LMC2	详大样			塑钢钢化玻璃(12mm)，框白色	2		2							制作按现场实际尺寸
	LMC3	详大样	2100×2420	参照L90J605	塑钢钢化玻璃(12mm)，框白色	4	4								外装卷闸样式由建设单位定
	LMC4	详大样	4400×2420	参照L90J605	塑钢钢化玻璃(12mm)，框白色	2	2								外装卷闸样式由建设单位定
	LMC5	详大样	4900×2420	参照L90J605	塑钢钢化玻璃(12mm)，框白色	2	2								外装卷闸样式由建设单位定
玻璃幕墙	MQ1	详大样			塑钢窗中空玻璃(5+5+5)，框白色	4									

门窗类型	代号	编号	洞口尺寸 宽×高	标准图号	材料说明	数量 总数	-1F	1F	2F	3F	4F	5F	6F	ROOF	备注
塑钢窗	C1	建施22	1800×1520	参照L90J605	塑钢窗中空玻璃(5+5+5)，框白色	24		4	4	4	4	4	4		
	C2	建施22	2400×1920	参照L90J605	塑钢窗中空玻璃(5+5+5)，框白色	10		2	2	2	2	2			
	C2A	建施22	2400×1920	参照L90J605	塑钢窗中空玻璃(5+5+5)，框白色	10		2	2	2	2	2			
	C3	建施22	660×1920	参照L90J605	塑钢窗中空玻璃(5+5+5)，框白色	24		4	4	4	4	4	4		
	C4	建施22	450×1920	参照L90J605	塑钢窗中空玻璃(5+5+5)，框白色	6		2		2		2			
	C5	建施22	1200×600	参照L90J605	塑钢窗中空玻璃(5+5+5)，框白色	6			2		2		2		
	C6	建施22	详大样	参照L90J605	塑钢窗中空玻璃(5+5+5)，框白色	12		2	2	2	2	2	2		
	C6A	建施22	详大样	参照L90J605	塑钢窗中空玻璃(5+5+5)，框白色	12		2	2	2	2	2	2		
	C7	建施22	2860×1920	参照L90J605	塑钢窗中空玻璃(5+5+5)，框白色	2		2							
	C8	建施22	3360×1920	参照L90J605	塑钢窗中空玻璃(5+5+5)，框白色	2		2							
	C9	建施22	900×600	参照L90J605	塑钢窗中空玻璃(5+5+5)，框白色	12		2	2	2	2	2	2		
	C10	建施22	2700×1920	参照L90J605	塑钢窗中空玻璃(5+5+5)，框白色	10			2	2	2	2	2		
	C11	建施22	3000×1920	参照L90J605	塑钢窗中空玻璃(5+5+5)，框白色	10			2	2	2	2	2		
	C12	建施22	2360×15550	参照L90J605	塑钢窗中空玻璃(5+5+5)，框白色	2			2						
	C13	建施22	6020×600	参照L90J605	塑钢窗中空玻璃(5+5+5)，框白色	2	2								
	C14	建施22	3000×600	参照L90J605	塑钢窗中空玻璃(5+5+5)，框白色	2	2								
	C15	建施22	1760×600	参照L90J605	塑钢窗中空玻璃(5+5+5)，框白色	4	4								
	C16	建施22	280×600	参照L90J605	塑钢窗中空玻璃(5+5+5)，框白色	4	4								
	C17	建施22	2860×600	参照L90J605	塑钢窗中空玻璃(5+5+5)，框白色	2	2								
	C18	建施22	3360×600	参照L90J605	塑钢窗中空玻璃(5+5+5)，框白色	2	2								

备注：

1. 表中尺寸均为洞口尺寸，加工时须现场复核。
2. 凡临空窗台高度低于900mm的窗。
3. 900mm窗台下玻璃须采用钢化中空玻璃，不可开启。

 班级： 学号： 姓名： 审阅：

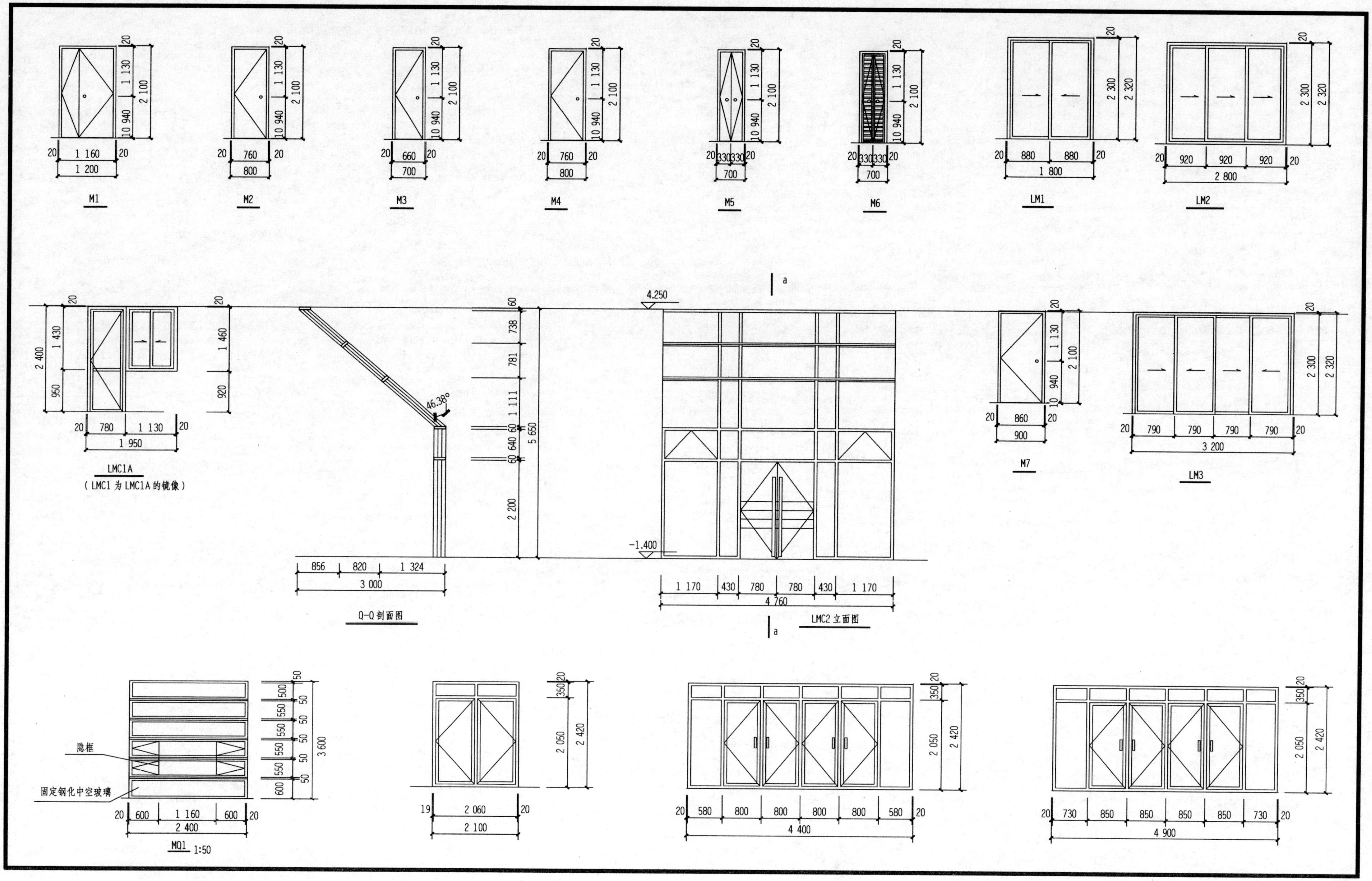
M1
M2
M3
M4
M5
M6
LM1
LM2
LMC1A
（LMC1 为 LMC1A 的镜像）
46.38°
4.250
-1.400
Q-Q 剖面图
LMC2 立面图
M7
LM3
隐框
固定钢化中空玻璃
MQ1 1:50

班级: 学号: 姓名: 审阅:

地下室平面图

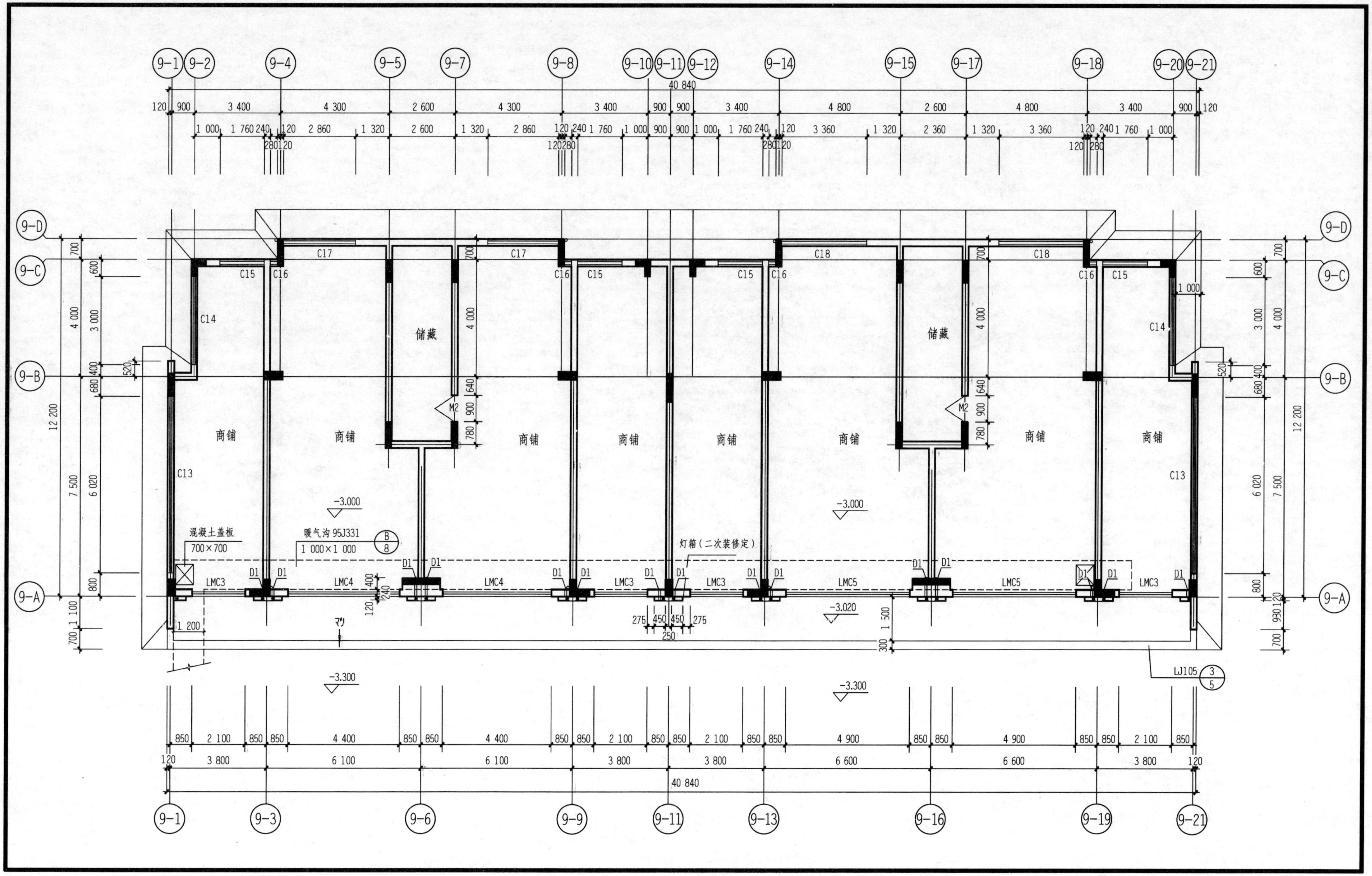

班级: 学号: 姓名: 审阅:

首层平面图

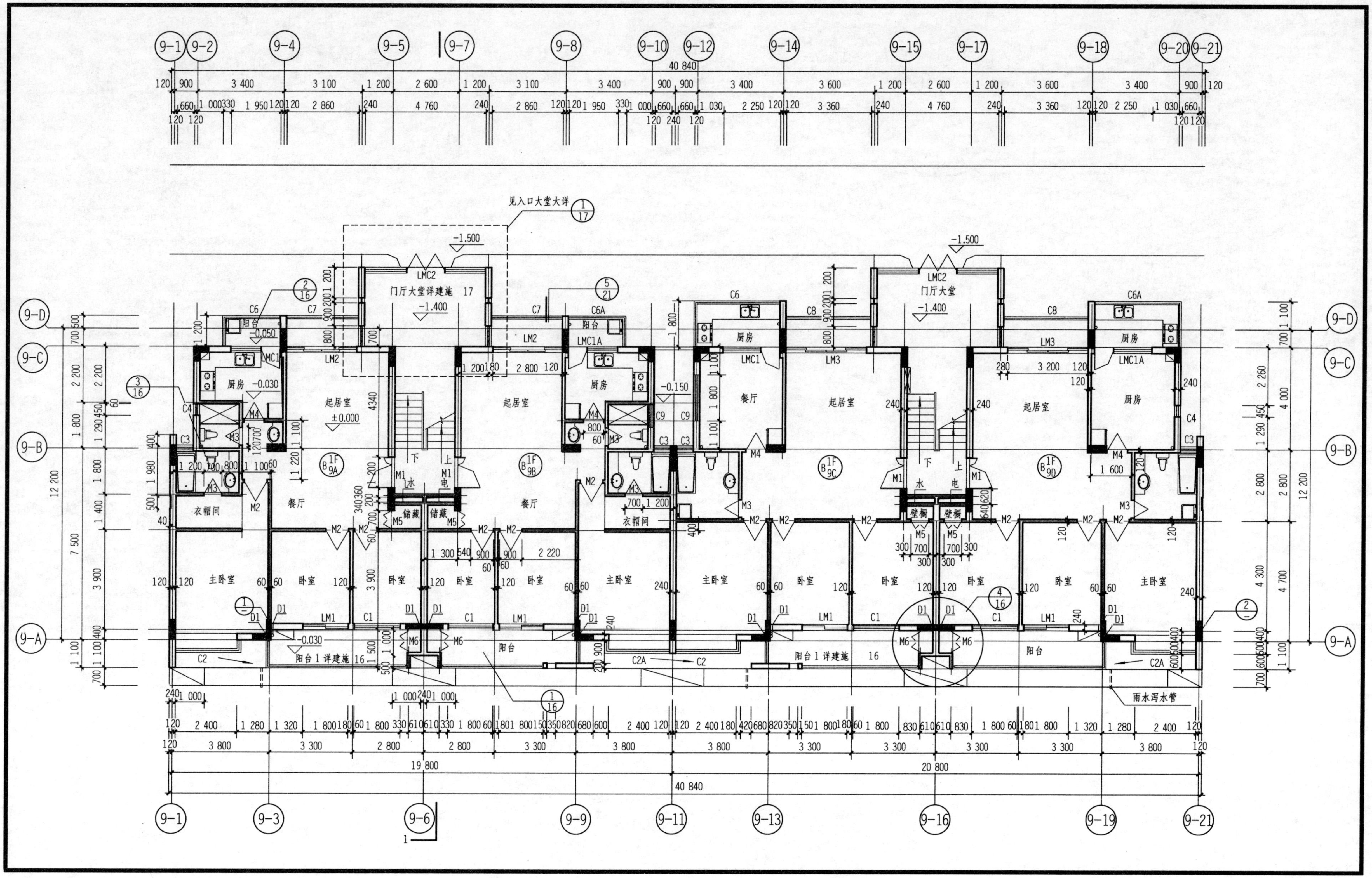

班级: 学号: 姓名: 审阅:

二～五层平面图

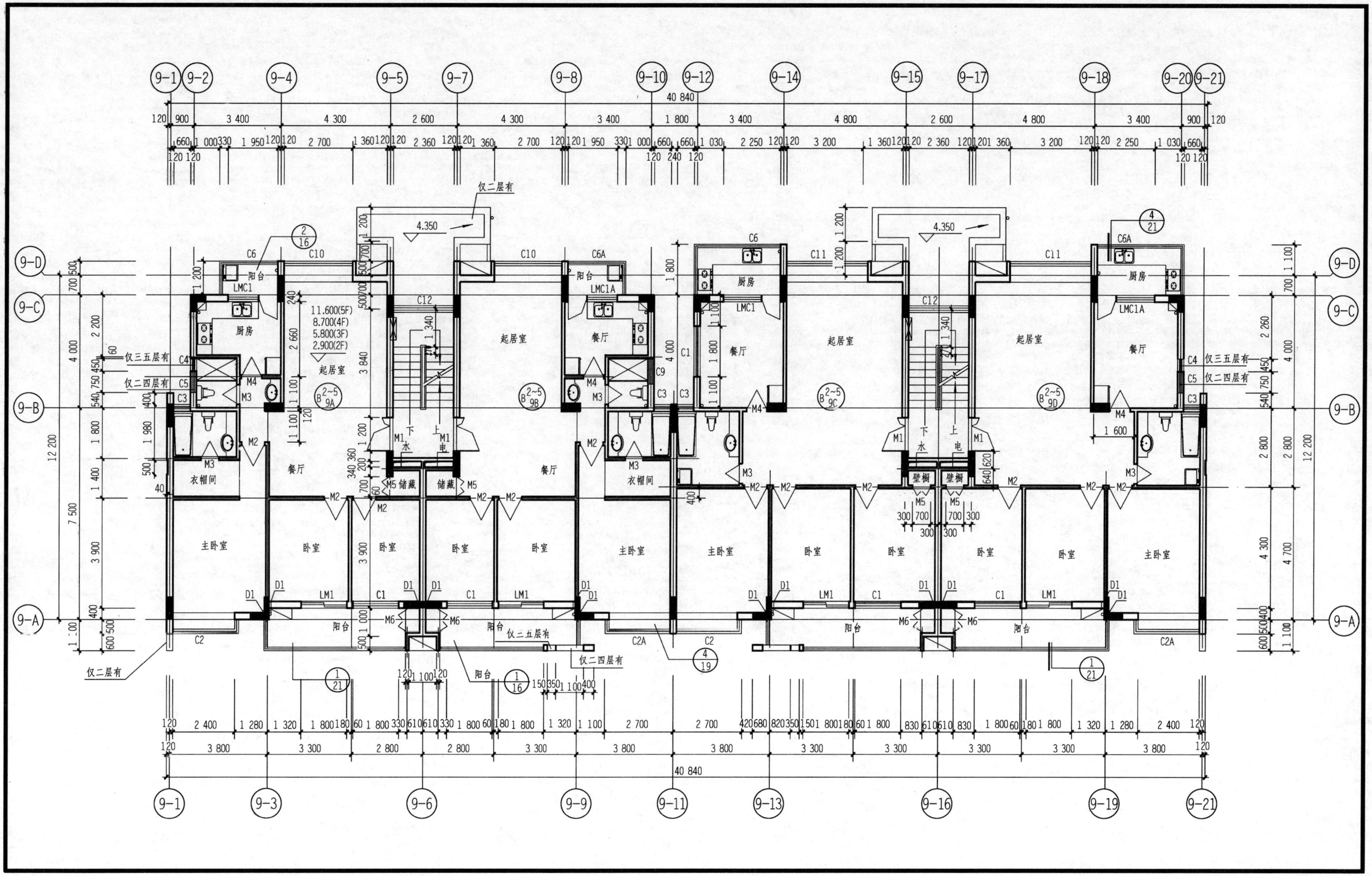

六层平面图

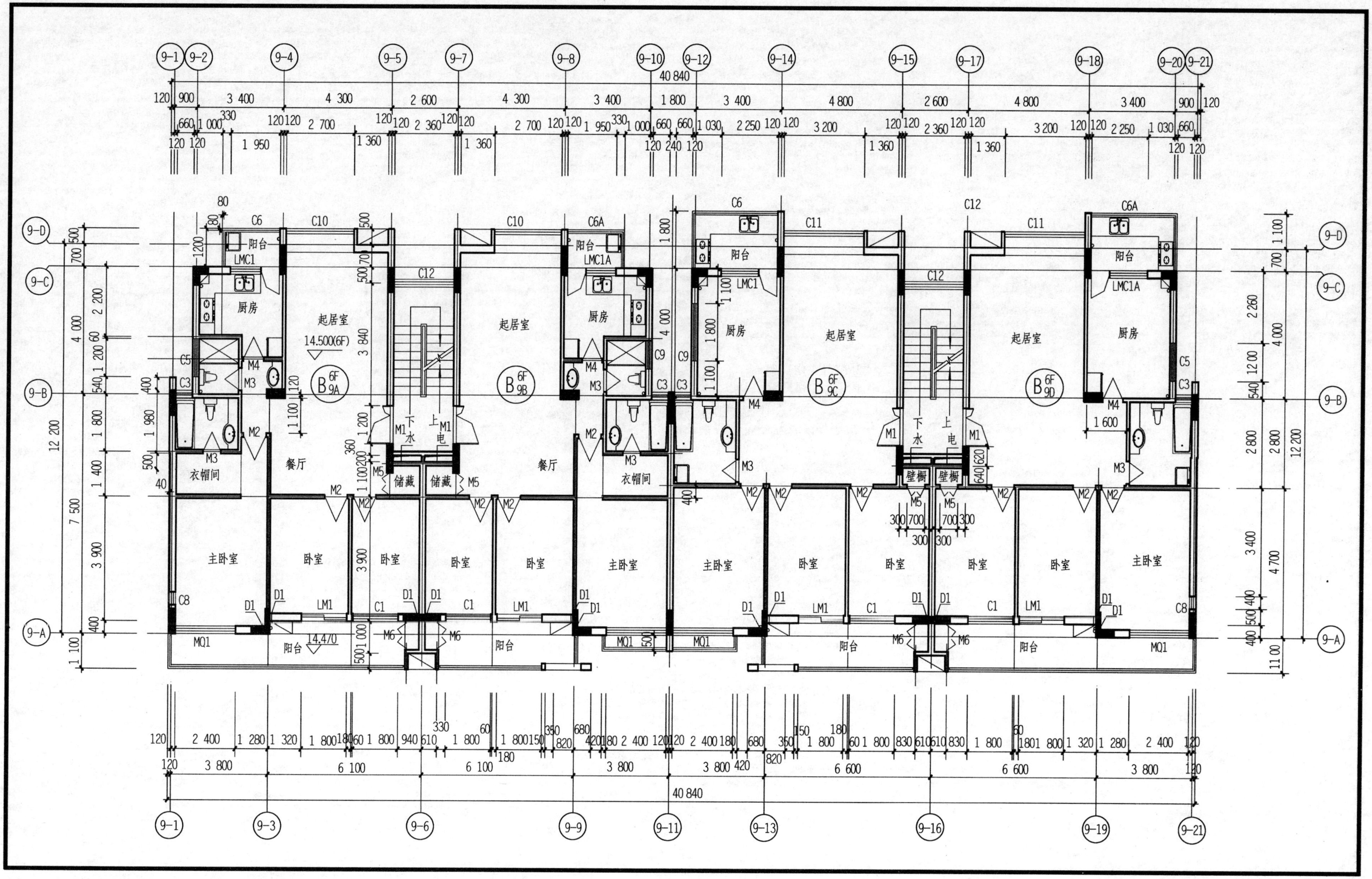

班级：　　　学号：　　　姓名：　　　审阅：

屋顶层平面图

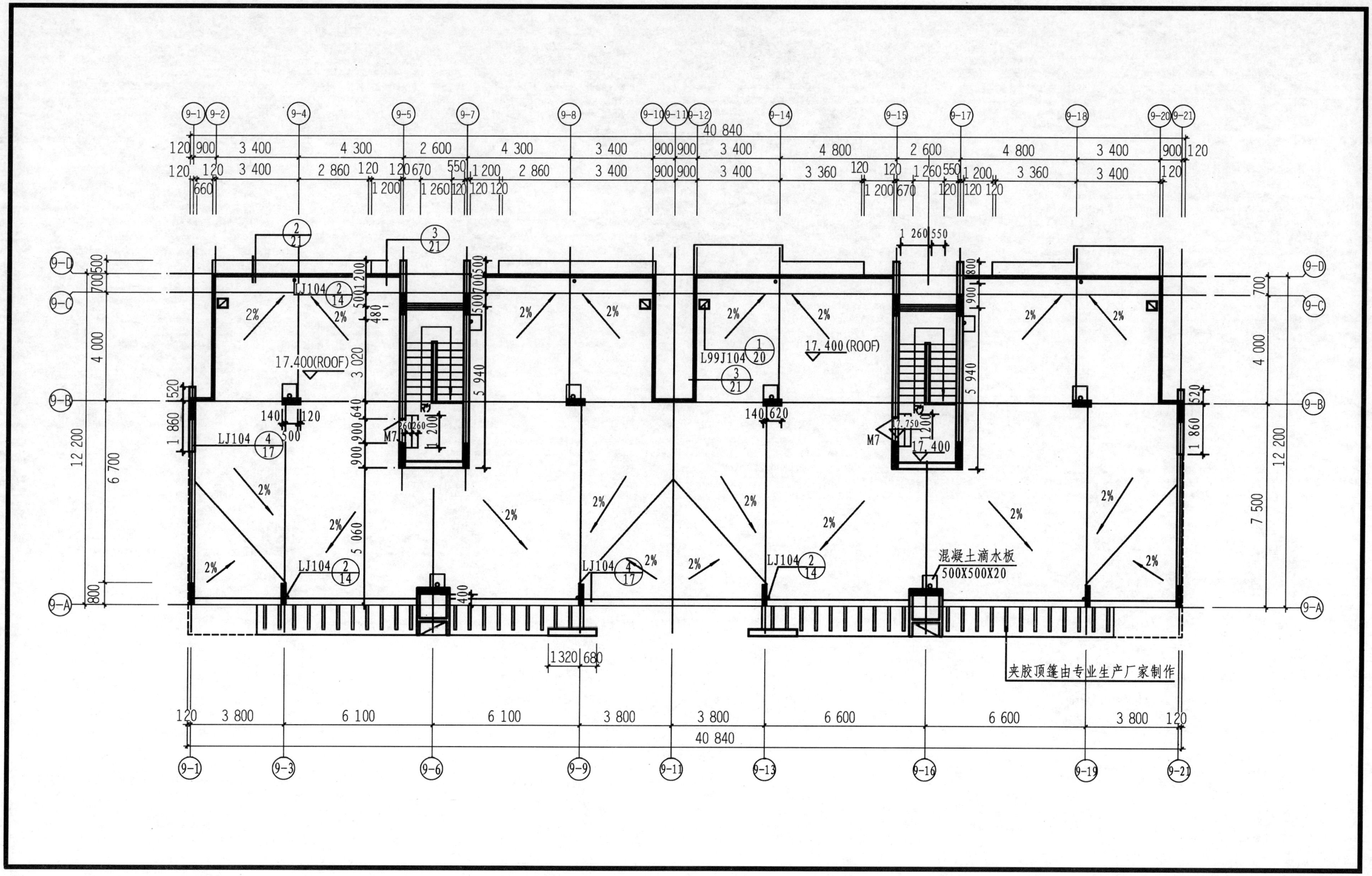

 班级: 学号: 姓名: 审阅:

(9-1)～(9-21)轴立面图

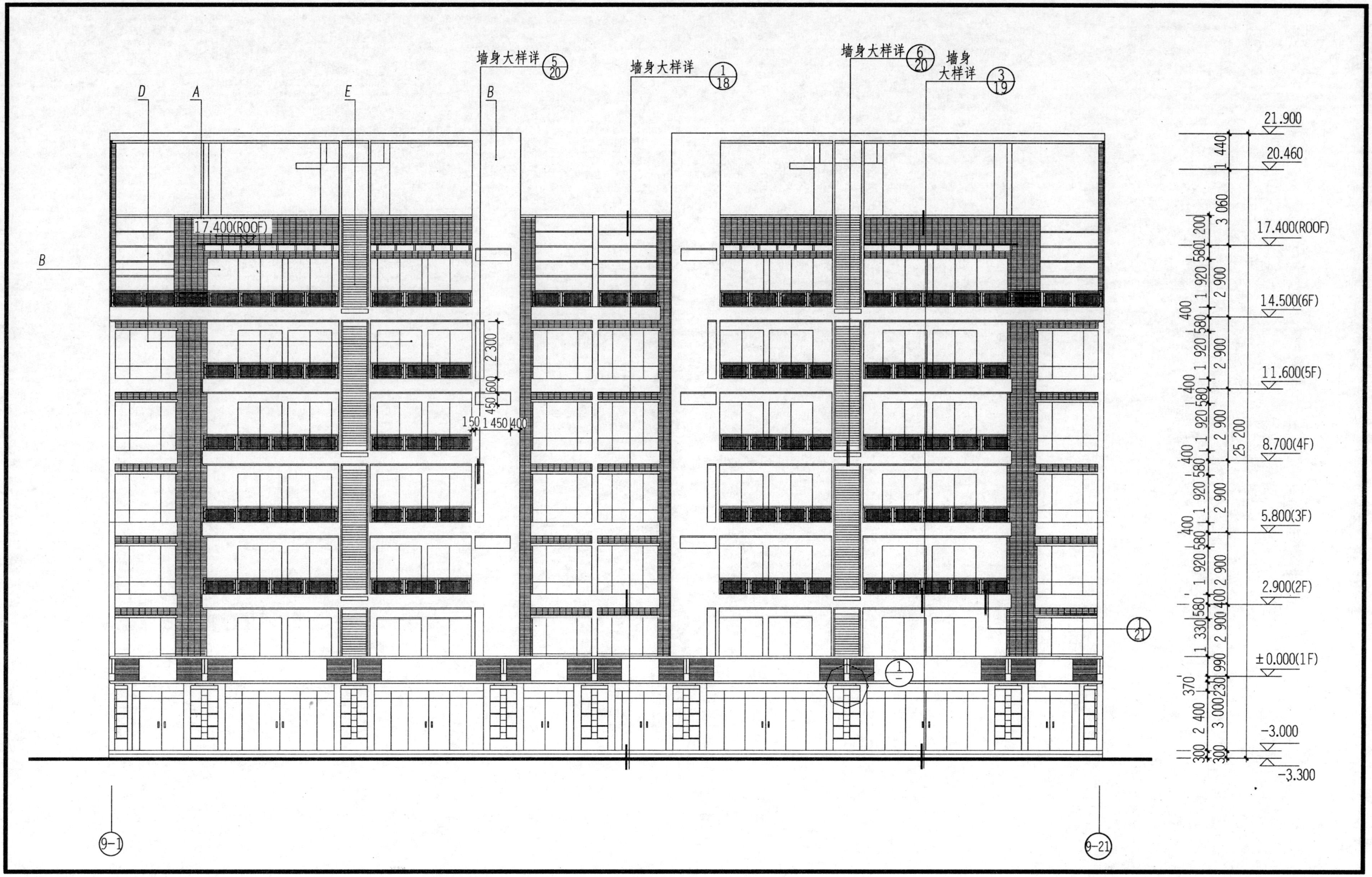

班级：　　学号：　　姓名：　　审阅：

9号楼（9-D）~(9-A),(9-A)~(9-D)轴立面图

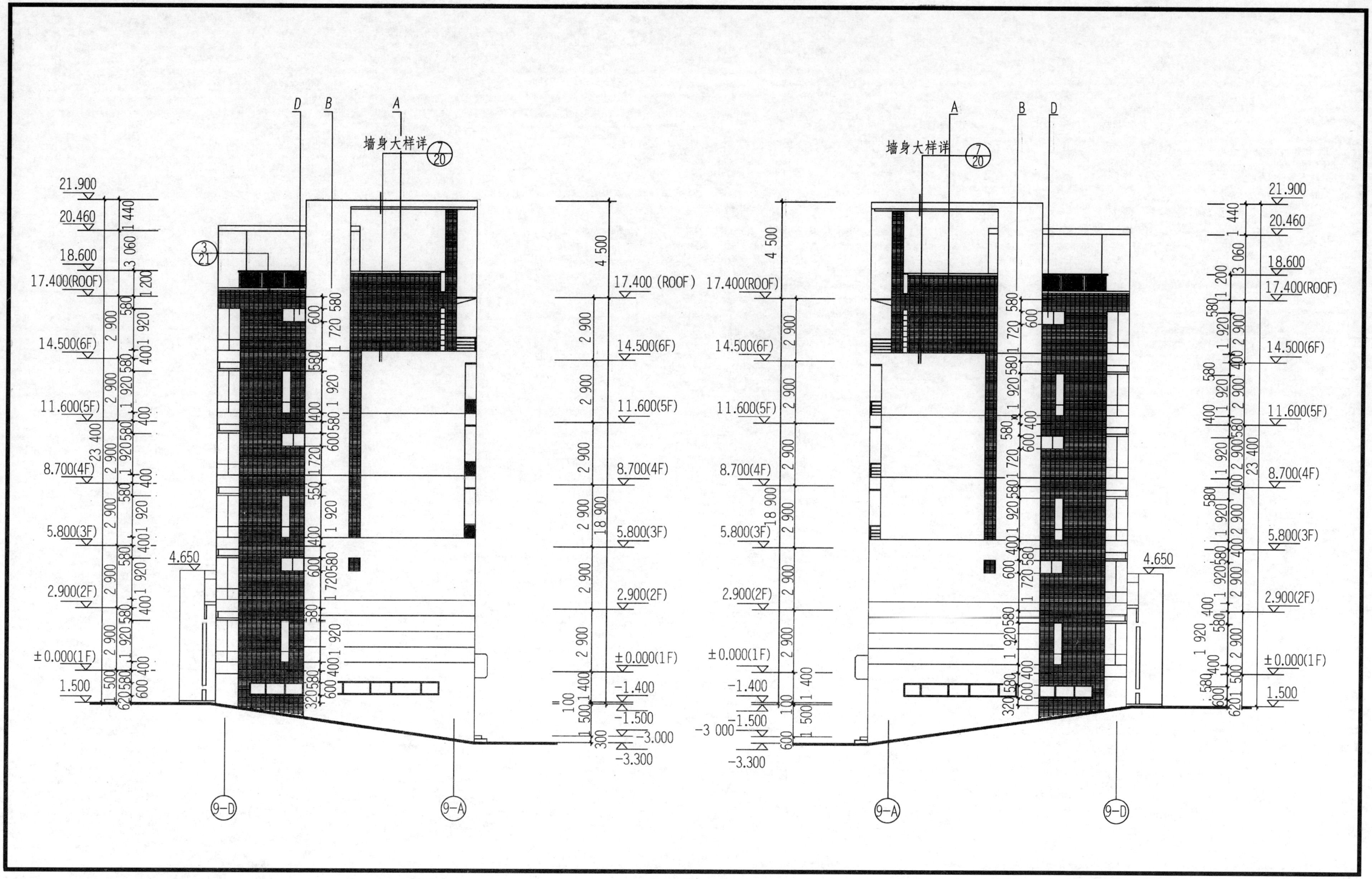

 班级: 学号: 姓名: 审阅:

1-1 剖面图

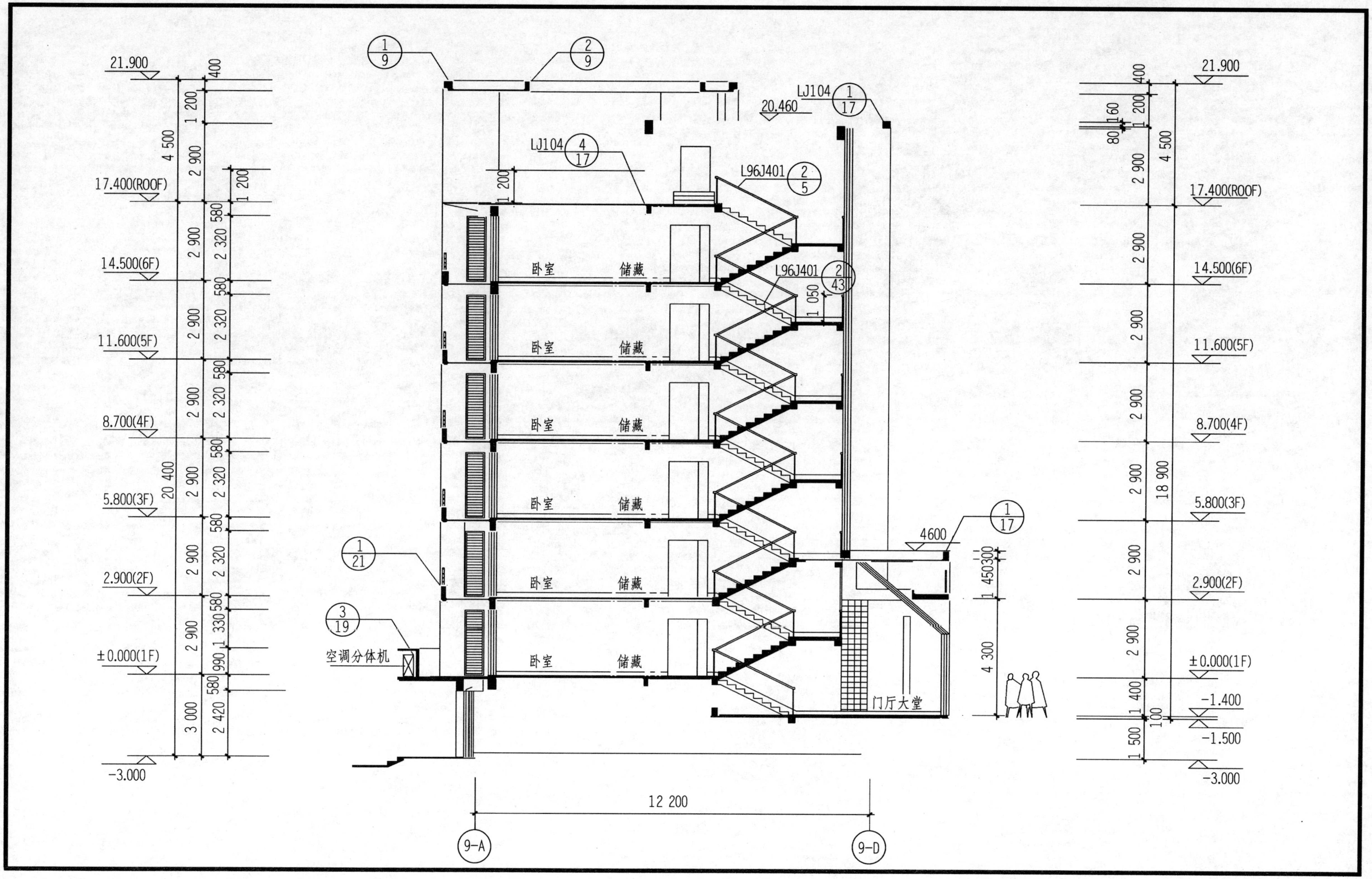

 班级: 学号: 姓名: 审阅:

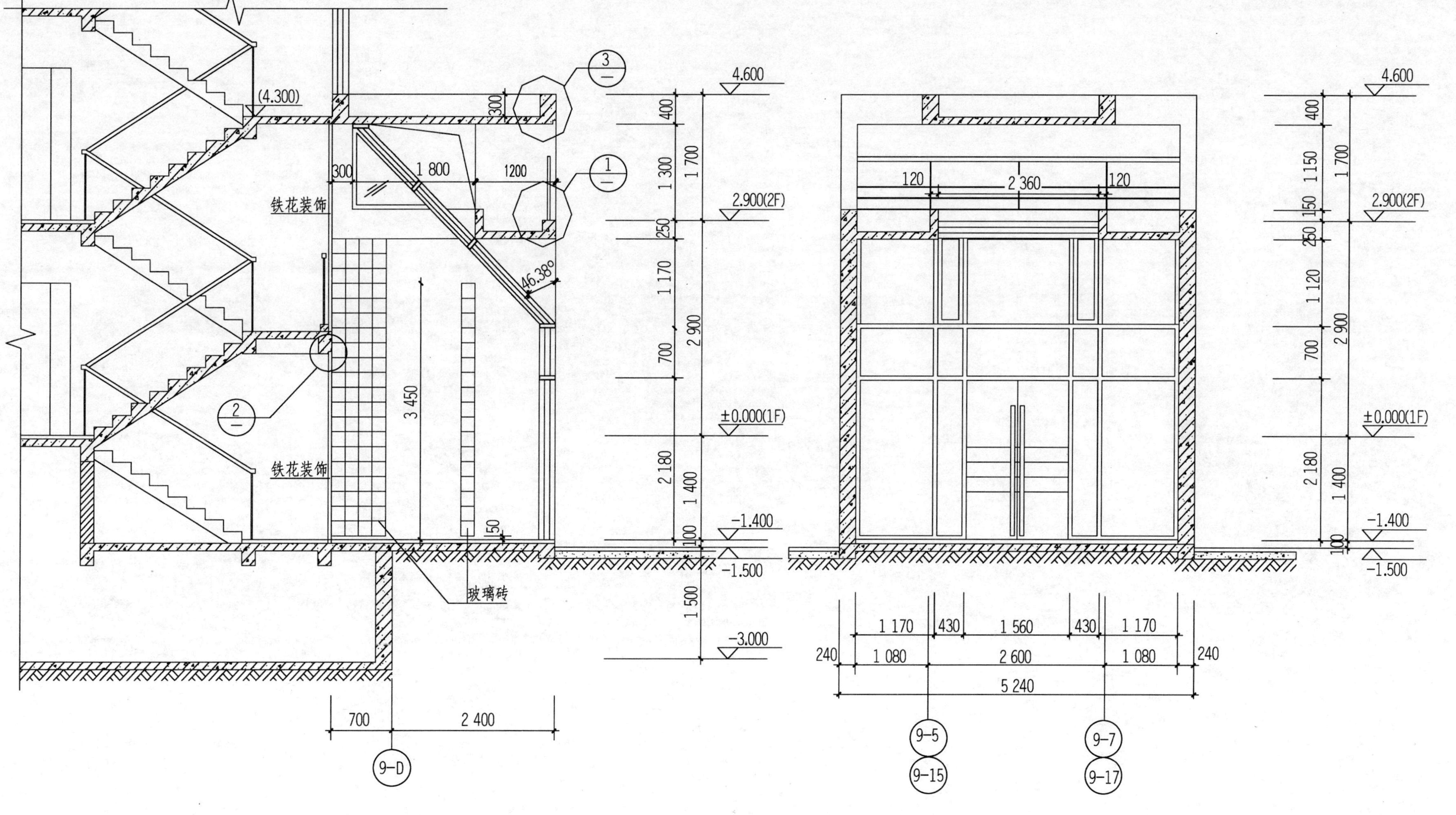

1-1 剖面图

2-2 剖面图

班级: 学号: 姓名: 审阅:

墙身大样图

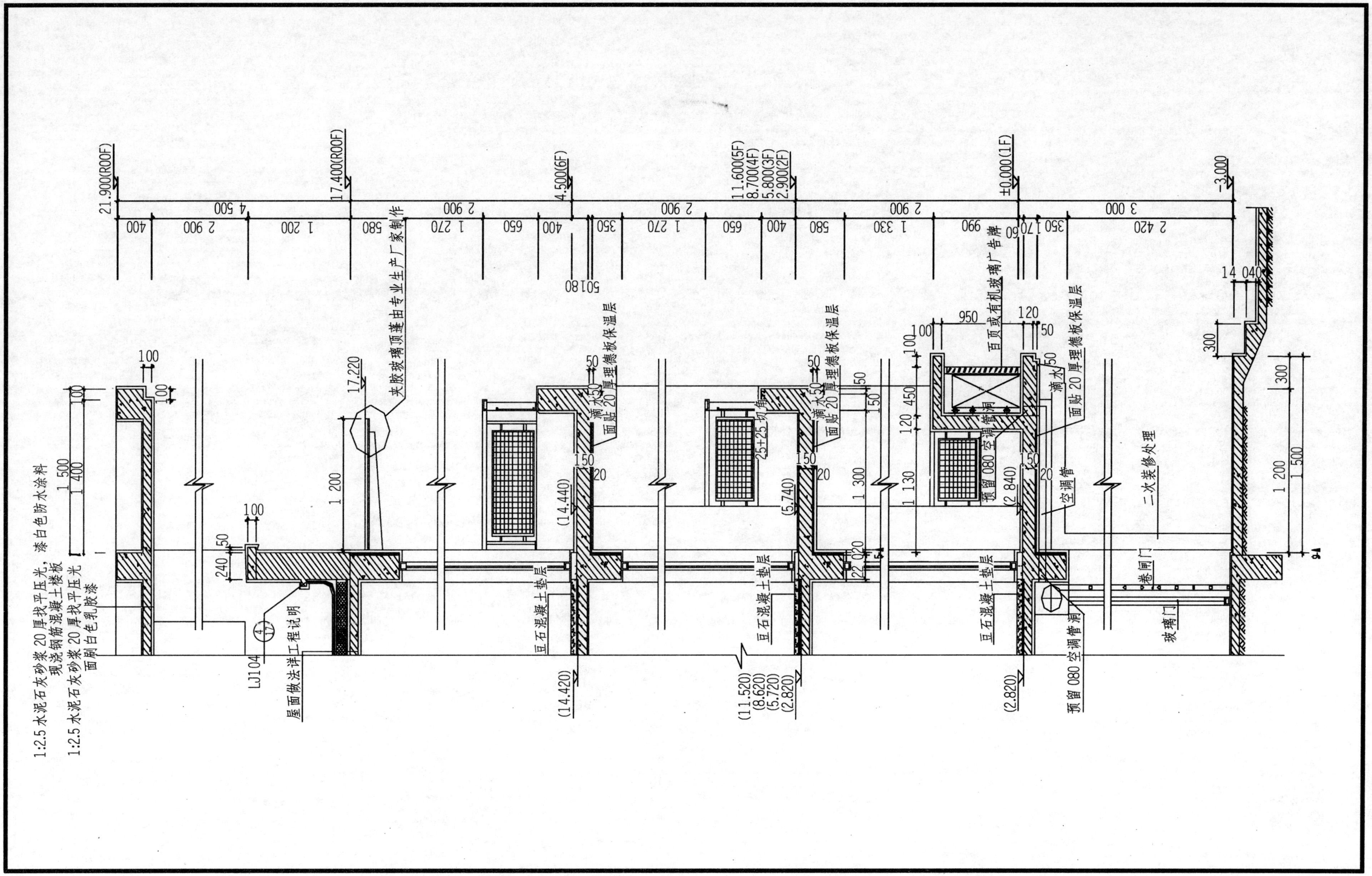

班级: 学号: 姓名: 审阅:

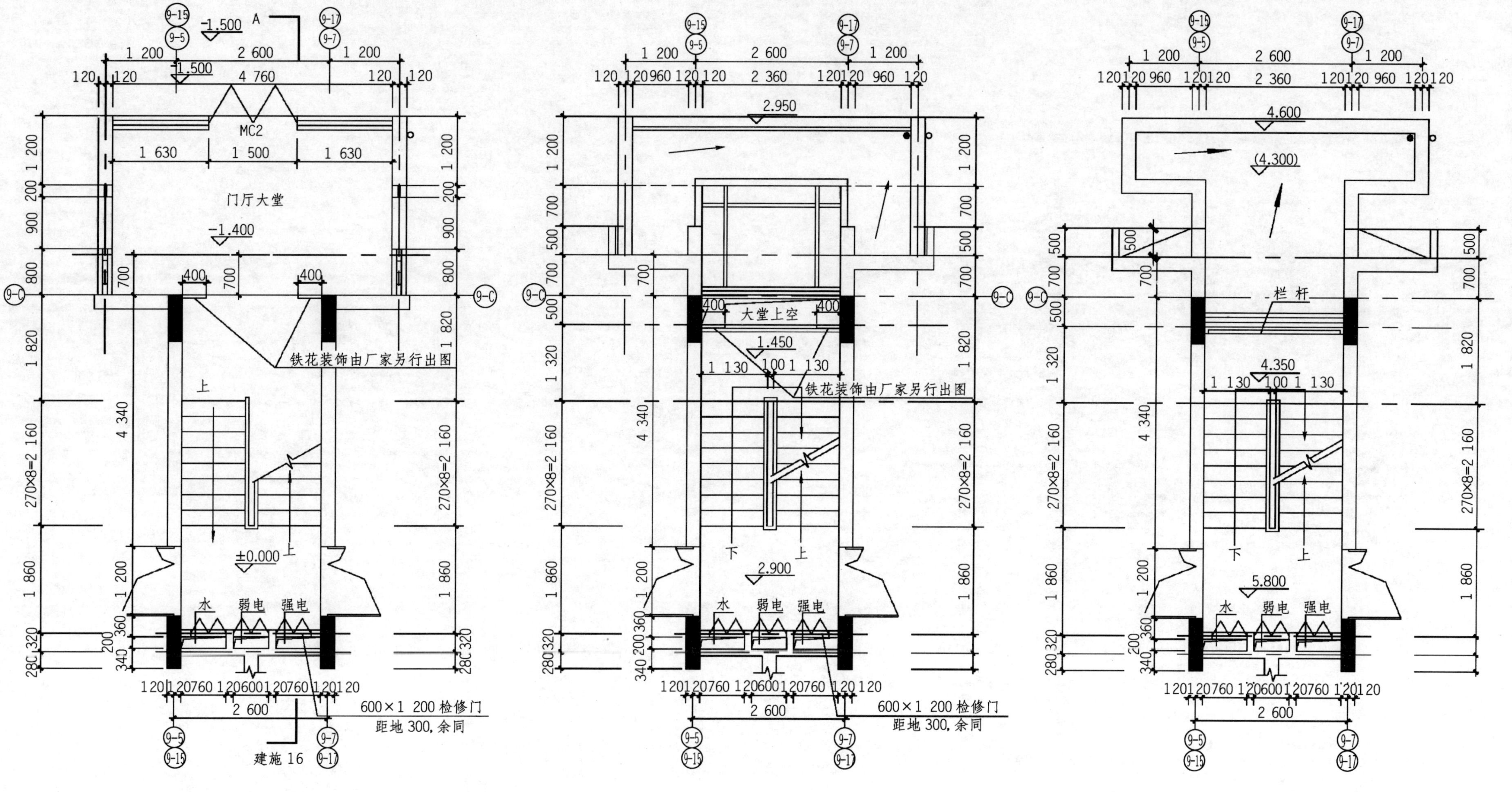

楼梯首层平面图

楼梯二层平面图

楼梯三层平面图

班级: 学号: 姓名: 审阅:

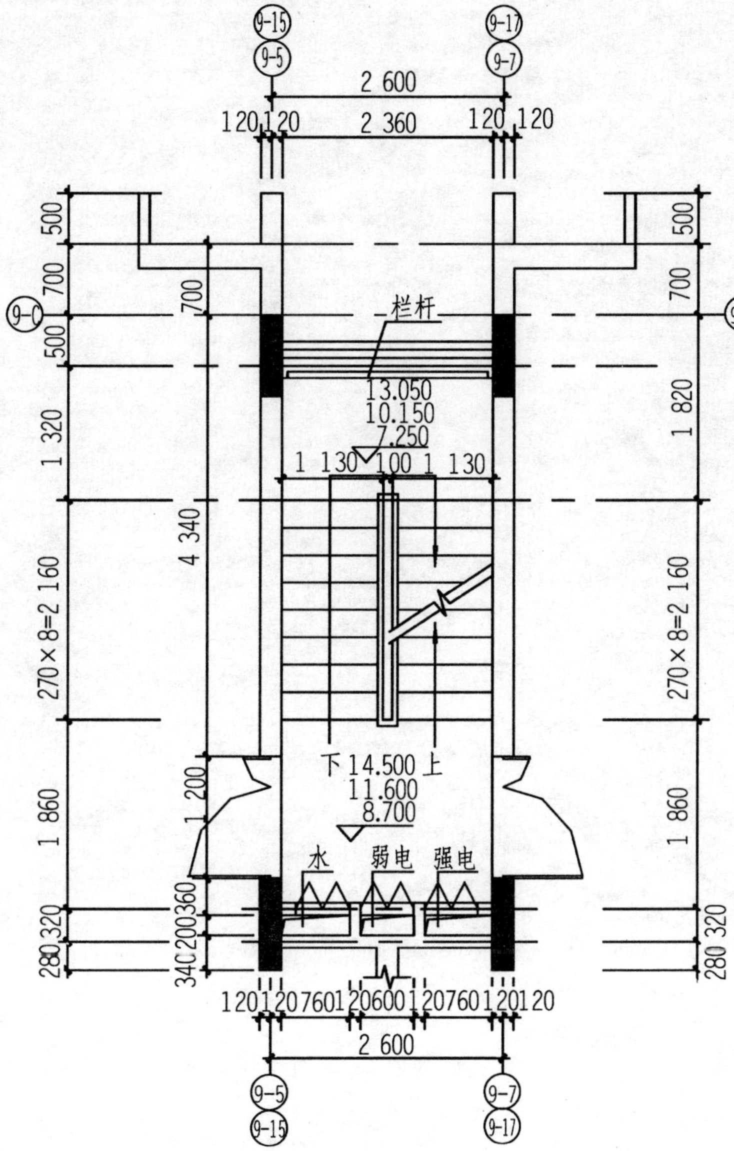

楼梯四－六层平面图

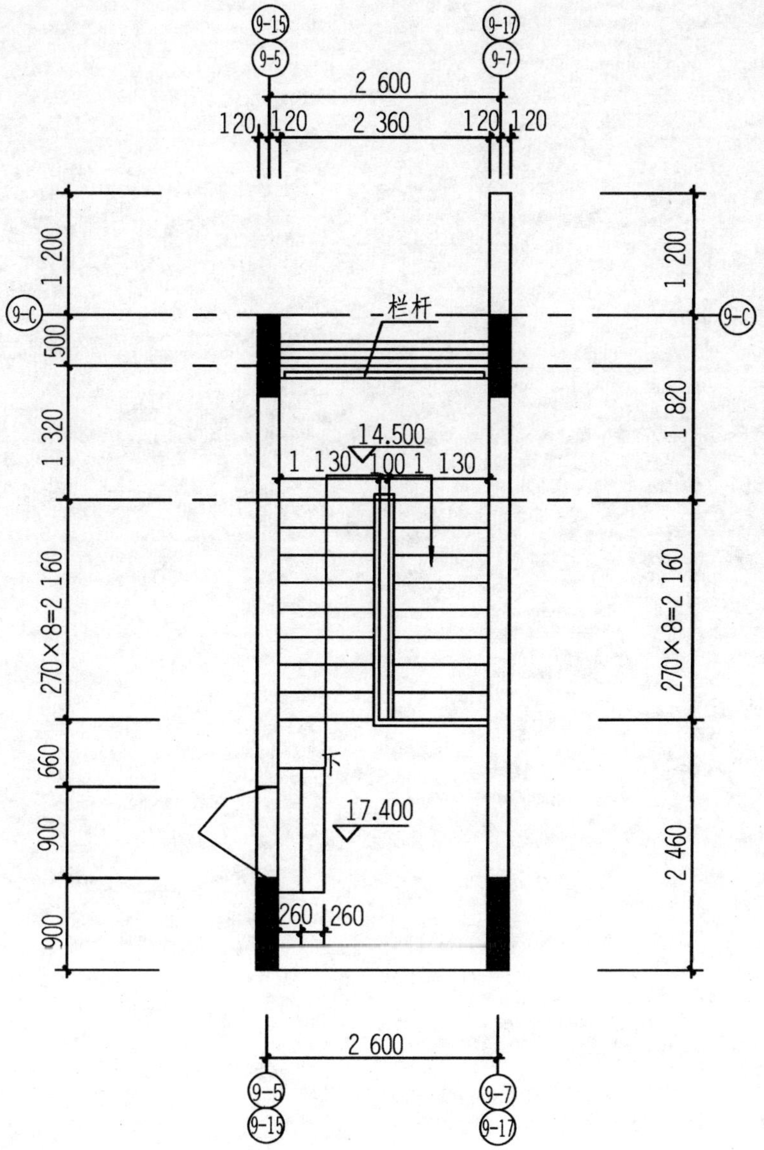

楼梯屋顶层平面图

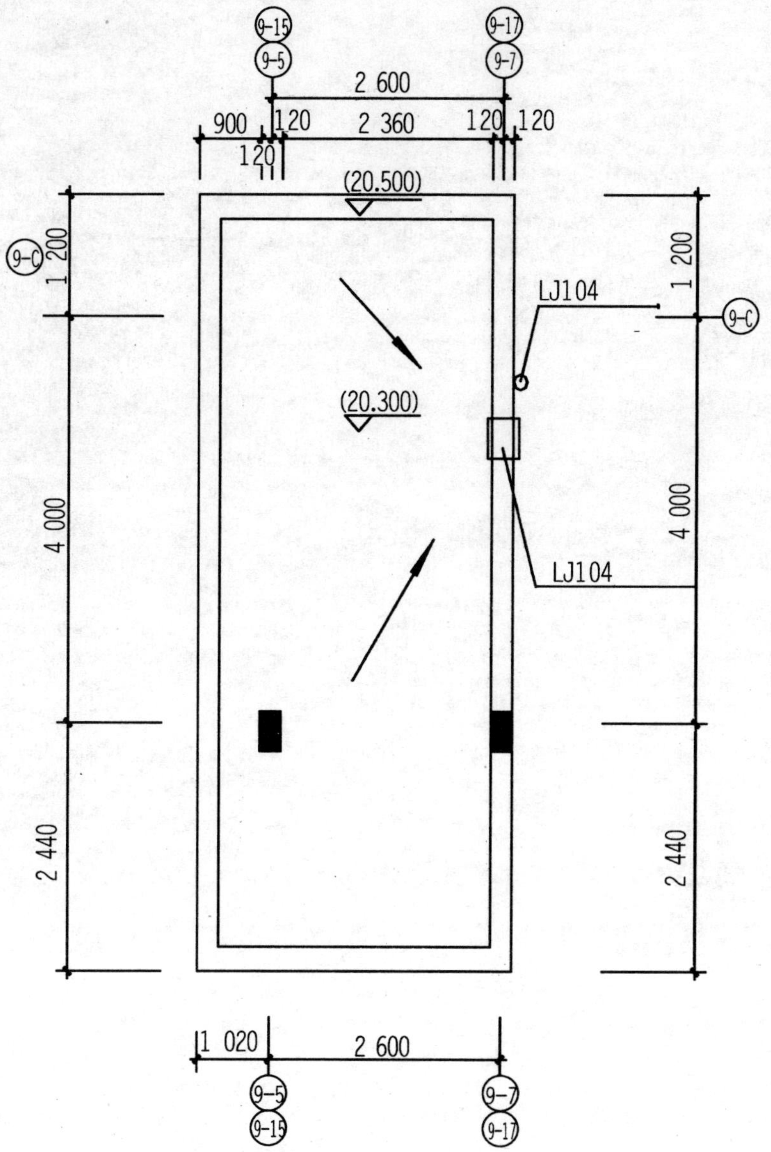

楼梯间屋顶平面图

第10章　结构施工图

作业要求

一、读图作业要求

1. 按照结构施工图的读图顺序读图：先读设计说明，后读结构平面及配筋图，最后看结构构件详图。

2. 通过读图，自己总结一套阅读结构施工图的步骤和方法。

3. 通过阅读前面的建筑施工图和结构施工图，比较它们之间的表达内容及形式的不同。

4. 掌握混凝土构件平面整体表示法，并能读懂每个符号表示的含义。

二、绘图作业要求

1. 阅读本习题集提供的住宅结构施工图。

2. 抄绘图样：基础结构平面图、标准层结构平面图、标准层梁配筋图或由任课教师指定内容。

3. 比例为1∶100，图幅A2。

4. 线型分明，符合国家制图标准。

5. 铅笔加深，也可选图上墨线。

三、作业说明

1. 该习题集所提供的图纸难度较大，主要是锻炼和提高学生的读图能力。教师在教学过程中可根据学生实际情况来选择合适的图样进行绘制。

2. 图纸中难免存在一些问题，师生读图时发现并进行图纸更正。

班级：　　学号：　　姓名：　　审阅：

山东省某 建筑设计有限公司	豪园一期9号 楼 图 纸 目 录			编号： 共 1 页 第 1 页 日期： 2002.12
序号	图 号	名 称	图幅	备 注
1	结施 1	结构设计说明	1	结合变更施工
2	结施 2	基础平面布置及详图	2.5	结合变更施工
3	结施 3	DL-1~DL-4	2	结合变更施工
4	结施 4	DL-5~DL-8	1	结合变更施工
5	结施 5	DL-9，DL-10	2	结合变更施工
6	结施 6	地下室、一、二层柱配筋平面图	1	结合变更施工
7	结施 7	三~六层柱配筋平面图	1	结合变更施工
8	结施 8	飘板柱配筋平面图	1	结合变更施工
9	结施 9	一层结构平面图	2	结合变更施工
10	结施 10	一层梁配筋图	2	结合变更施工
11	结施 11	二层结构平面图	2	结合变更施工
12	结施 12	二层梁配筋图	2	结合变更施工
13	结施 13	三~五层结构平图	2	结合变更施工
14	结施 14	三~五层梁配筋图	2	结合变更施工
15	结施 15	六层结构平图	2	结合变更施工
16	结施 16	六层梁配筋图	2	结合变更施工
17	结施 17	屋面结构平面图	2	结合变更施工
18	结施 18	屋面梁配筋图	2	结合变更施工
19	结施 19	飘板结构平面图	2	结合变更施工
20	结施 20	飘板梁配筋图	2	结合变更施工
21	结施 21	楼梯配筋图及柱大样图	2.5	结合变更施工
22	结施 22	框架配筋大样详图	2.5	结合变更施工
23	结施 23	变更说明	2	

审核		校对		编制	

 班级： 学号： 姓名： 审阅：

基础平面布置图

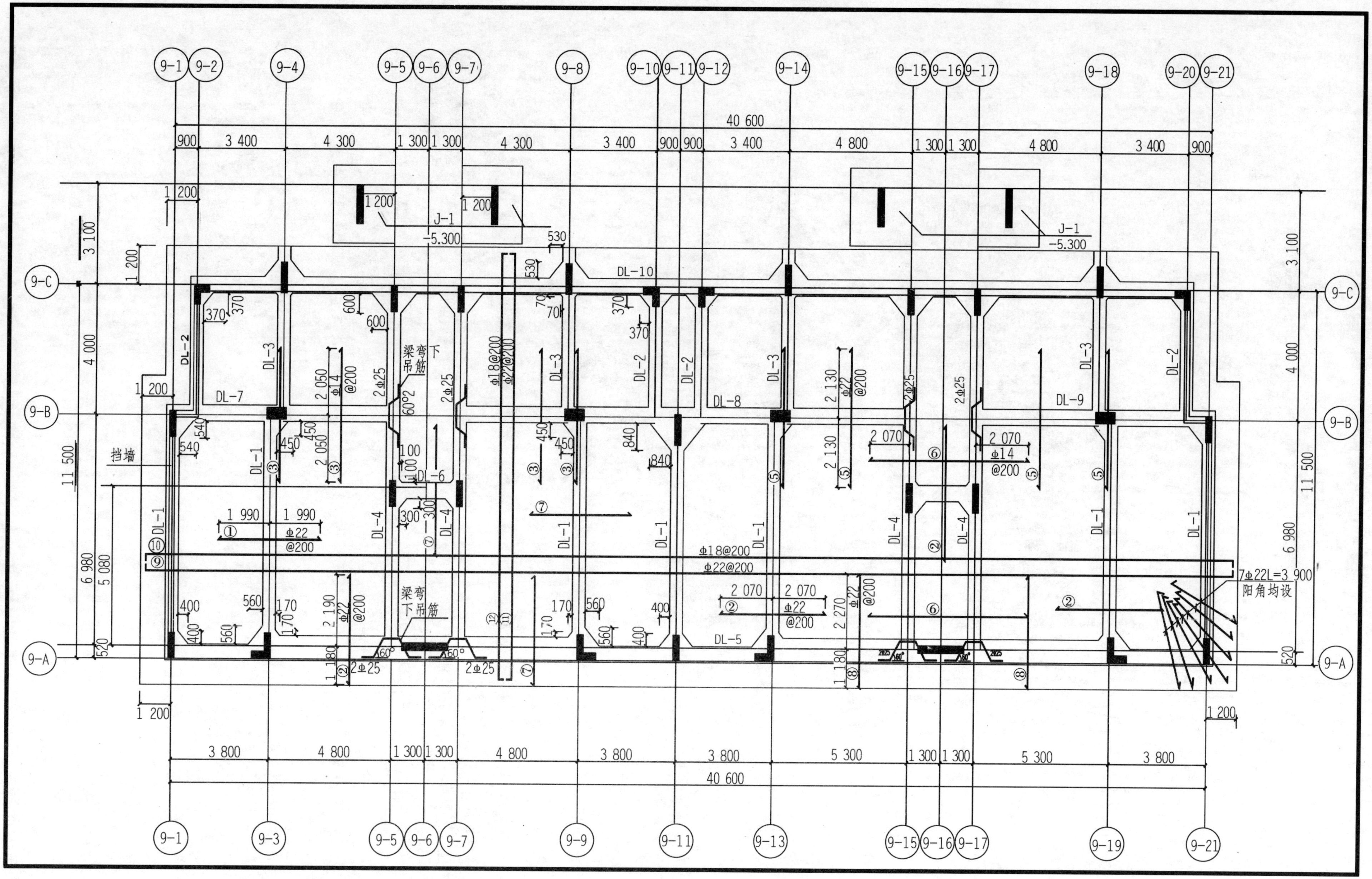

班级:　　学号:　　姓名:　　审阅:

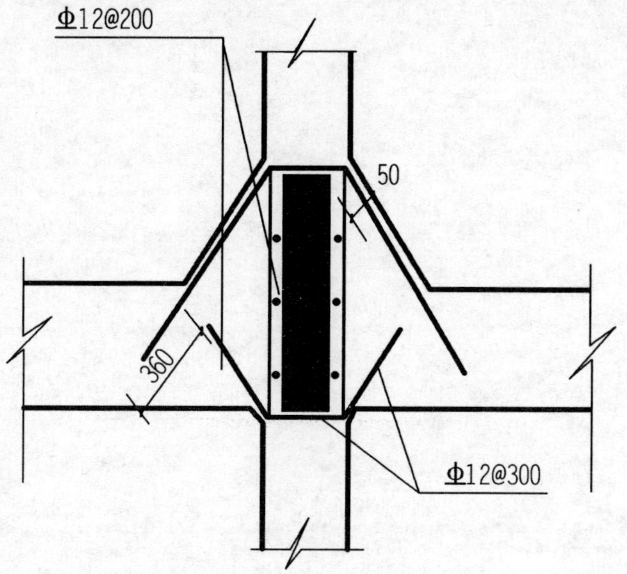

地梁加腋详图

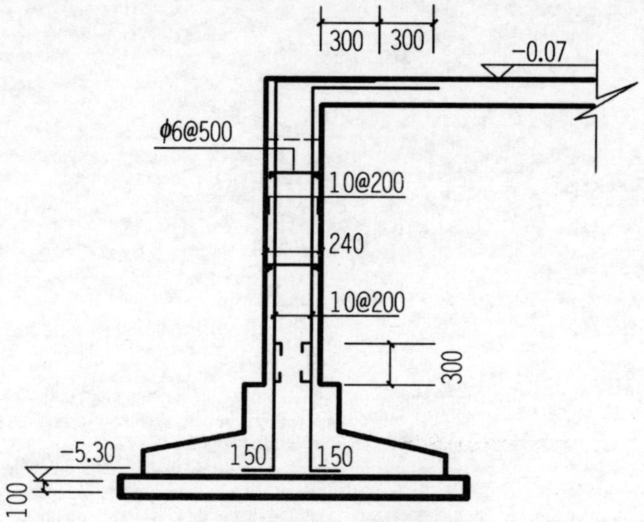

地下室外挡墙剖面图

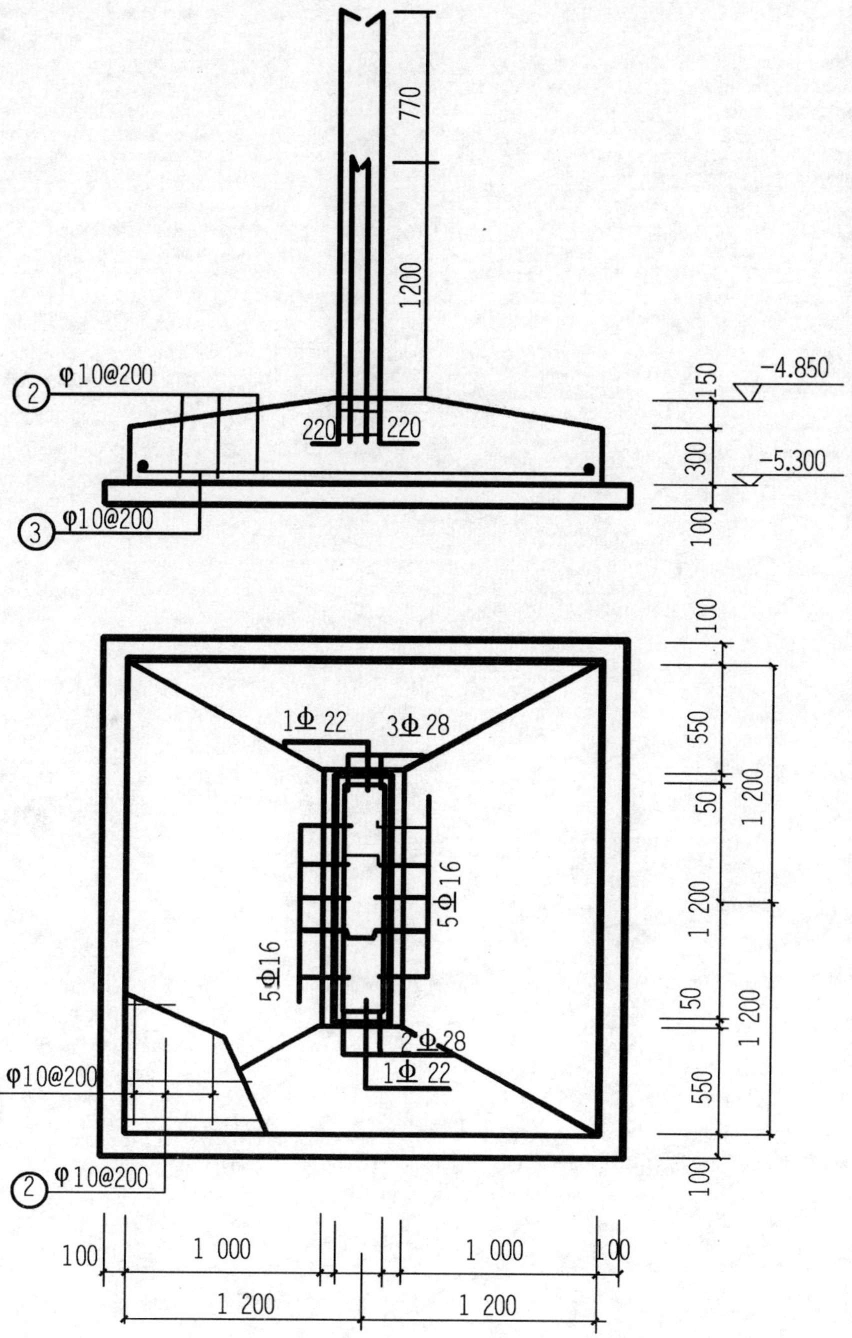

J-1

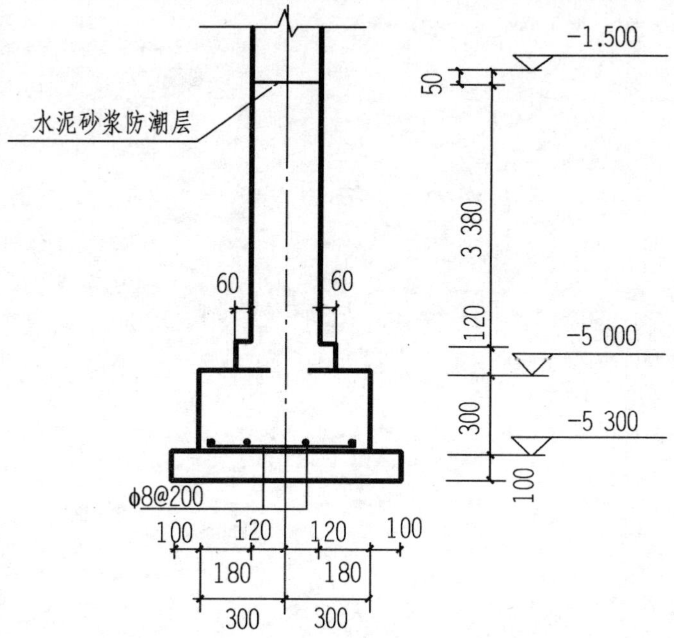

筏板以外墙基大样

当洞口为非连续且其边长小于800时，洞口周边附加筋周边配置>2Φ12并且每边加固面积不小于其中一个方向所截断的钢筋之半，取其大值。

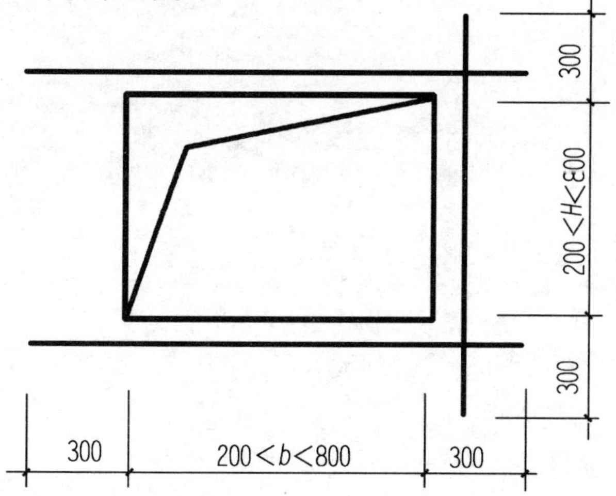

挡墙洞口加固构造

班级: 学号: 姓名: 审阅:

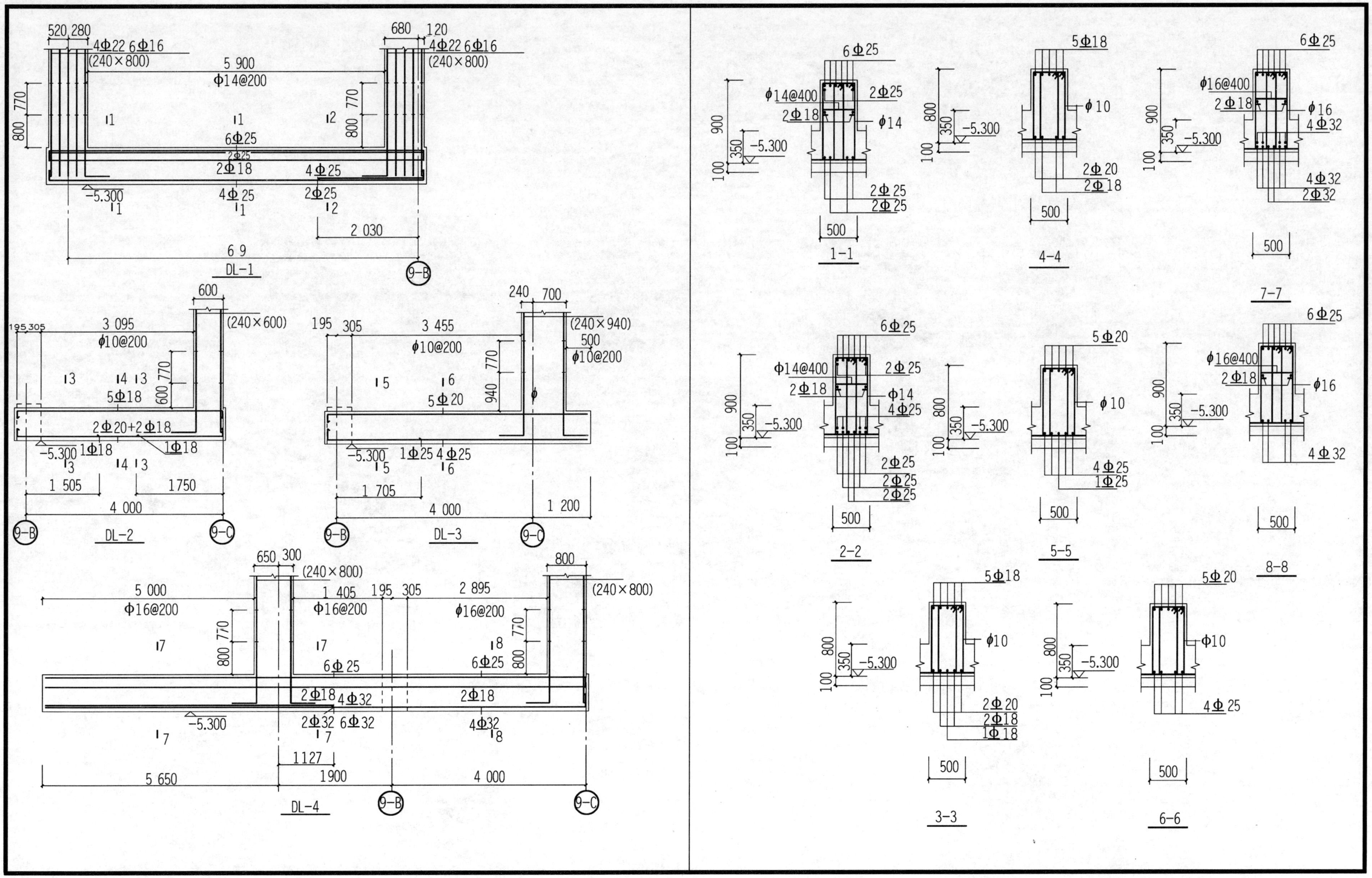
DL-1
DL-2
DL-3
DL-4
1-1
2-2
3-3
4-4
5-5
6-6
7-7
8-8
4Φ22 6Φ16
(240×800)
5 900
φ14@200
6Φ25
2Φ18
4Φ25
2Φ25
-5.300
2 030
(240×600)
3 095
φ10@200
5Φ18
2Φ20+2Φ18
1Φ18
1 505
1750
4 000
(240×940)
3 455
5Φ20
1Φ25 4Φ25
1 705
1 200
(240×800)
5 000
φ16@200
1 405
2 895
2Φ18 4Φ32
2Φ32 6Φ32
4Φ32
1127
5 650
1900
9-B
9-C

班级:　　学号:　　姓名:　　审阅:

地下室、一、二层柱配筋平面图

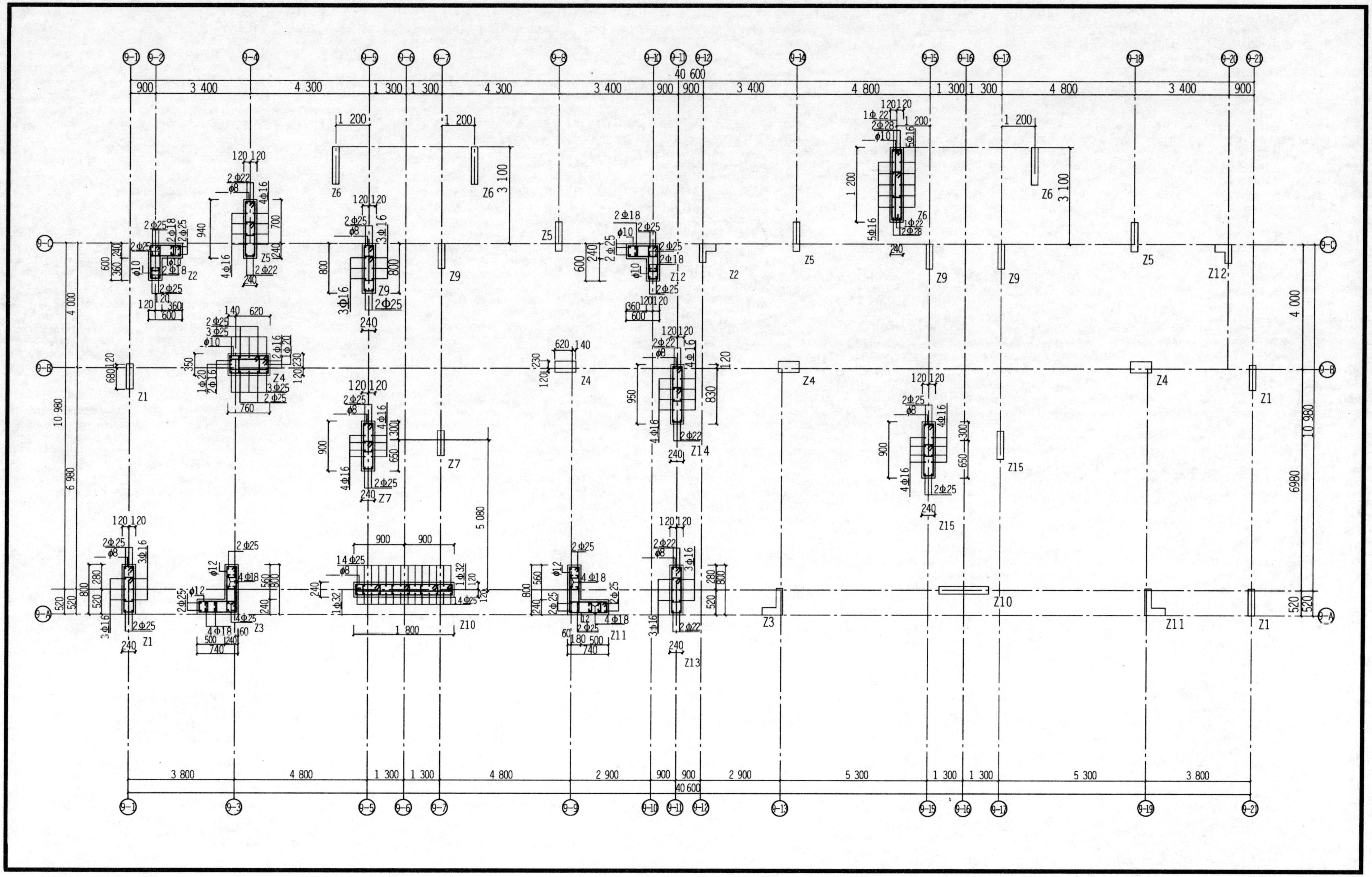

班级:　　学号:　　姓名:　　审阅:

一层结构平面图

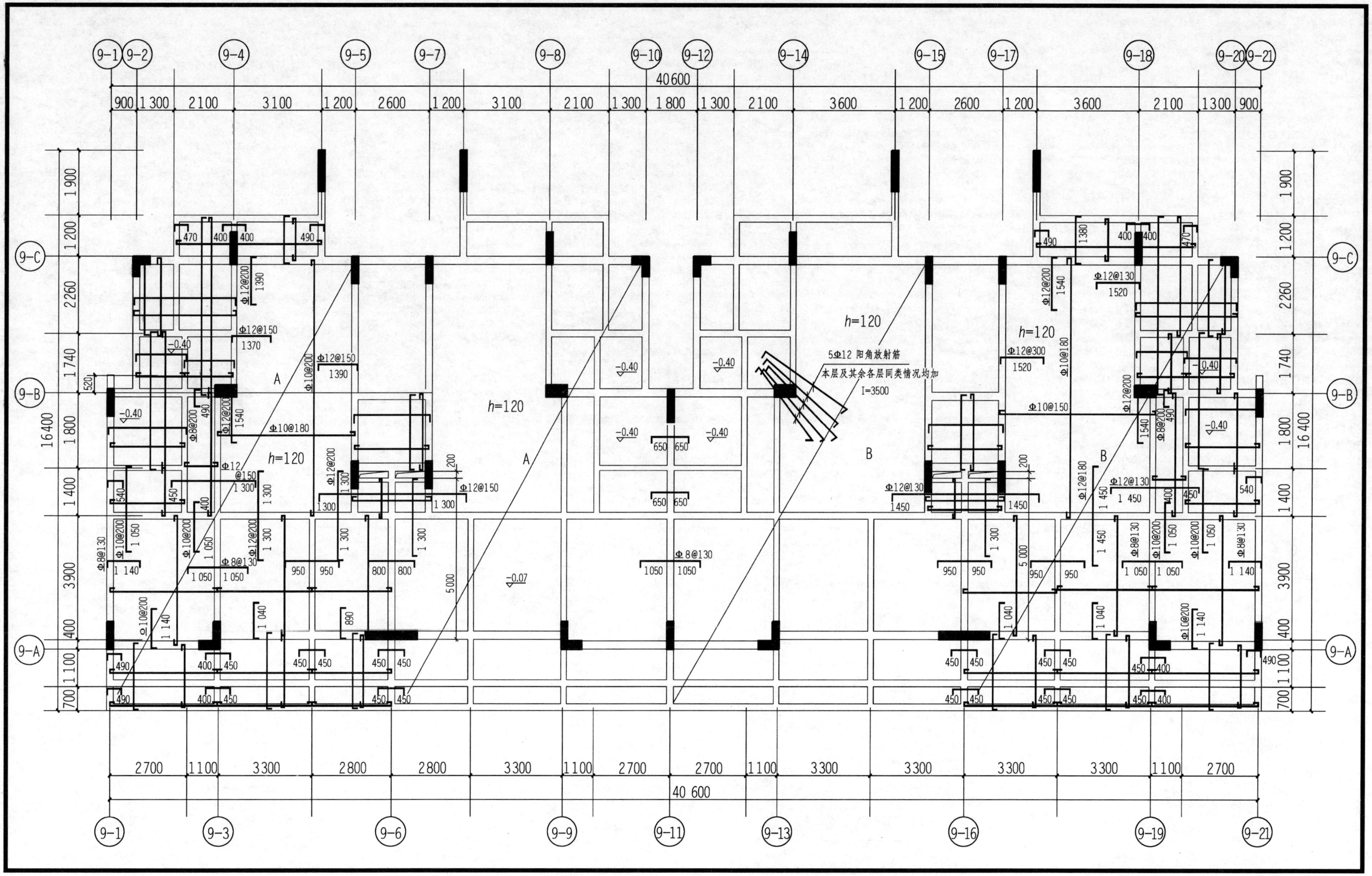

62

班级: 学号: 姓名: 审阅:

一层梁配筋图

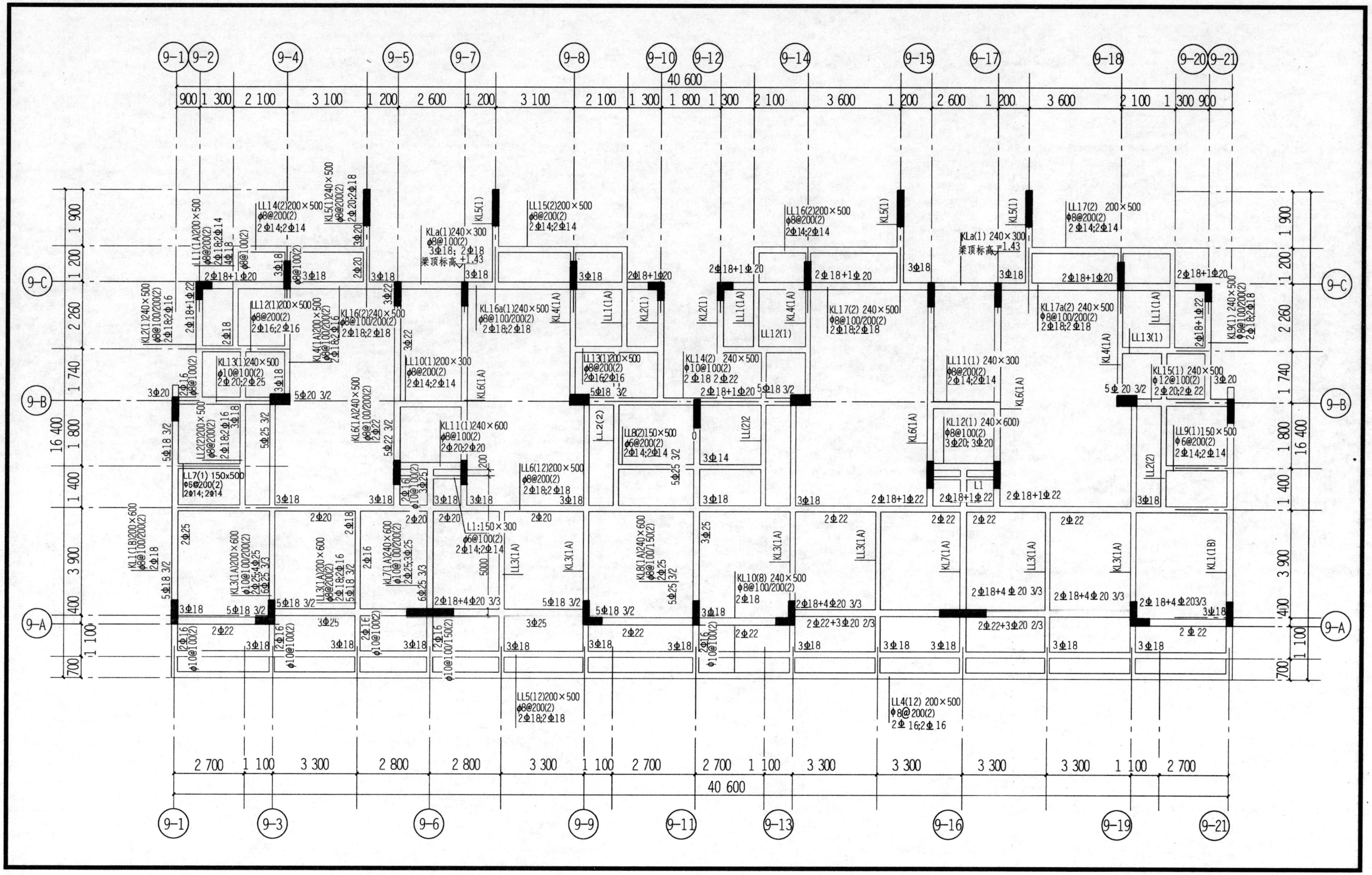

班级:　　学号:　　姓名:　　审阅:

三~五层结构平面图

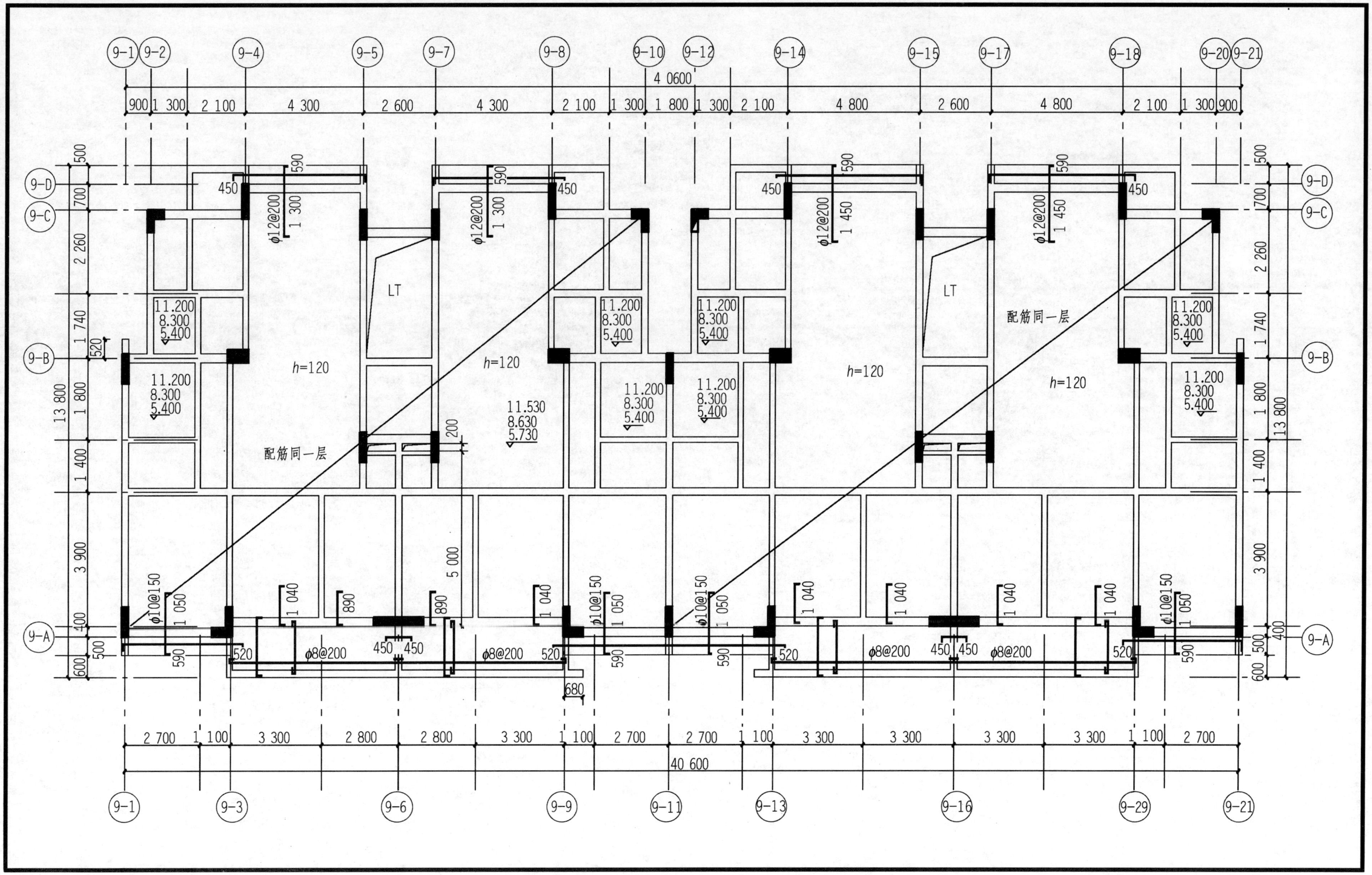

班级: 学号: 姓名: 审阅:

三~五层梁配筋图

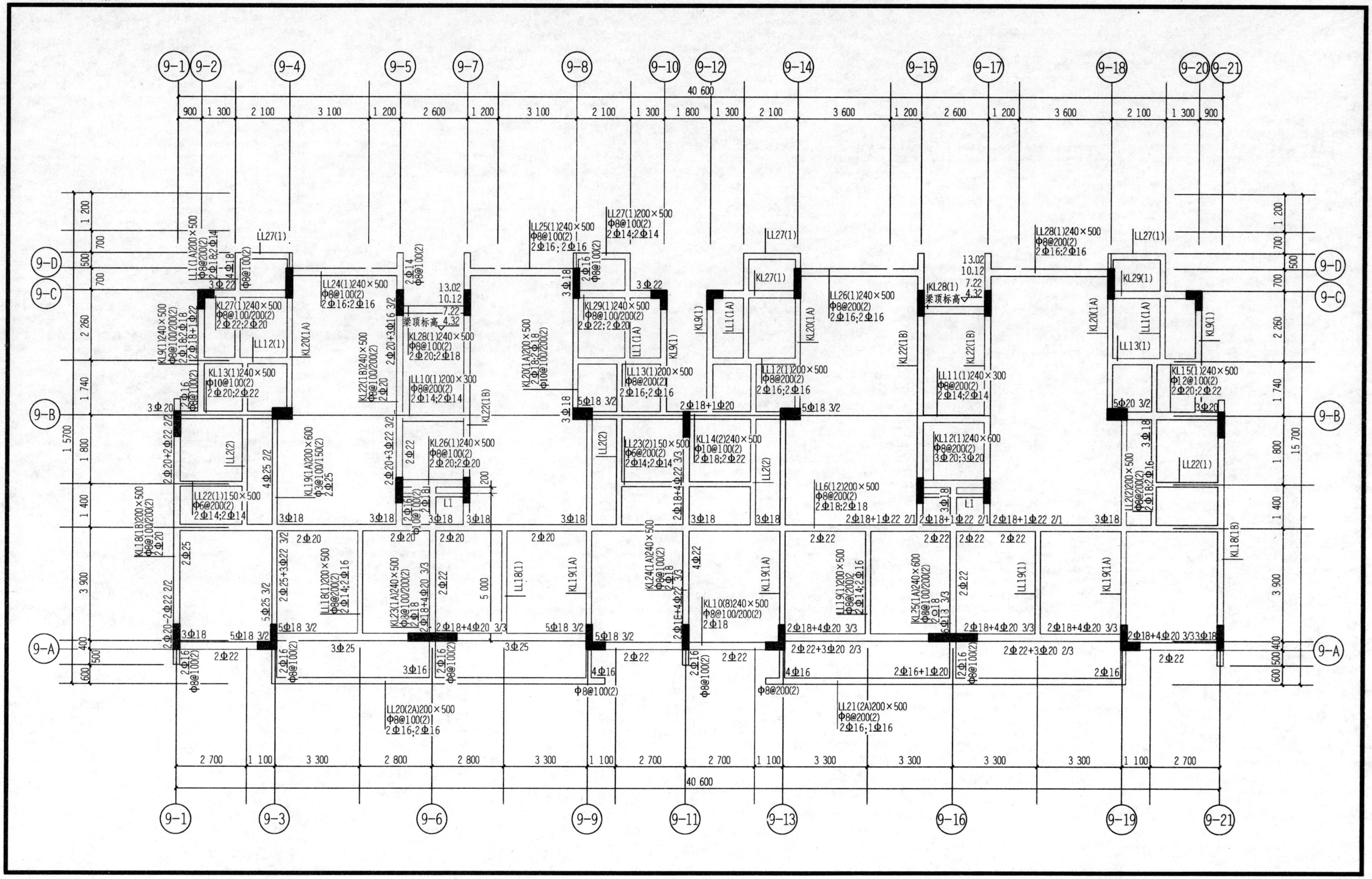

 班级: 学号: 姓名: 审阅:

屋面结构平面图

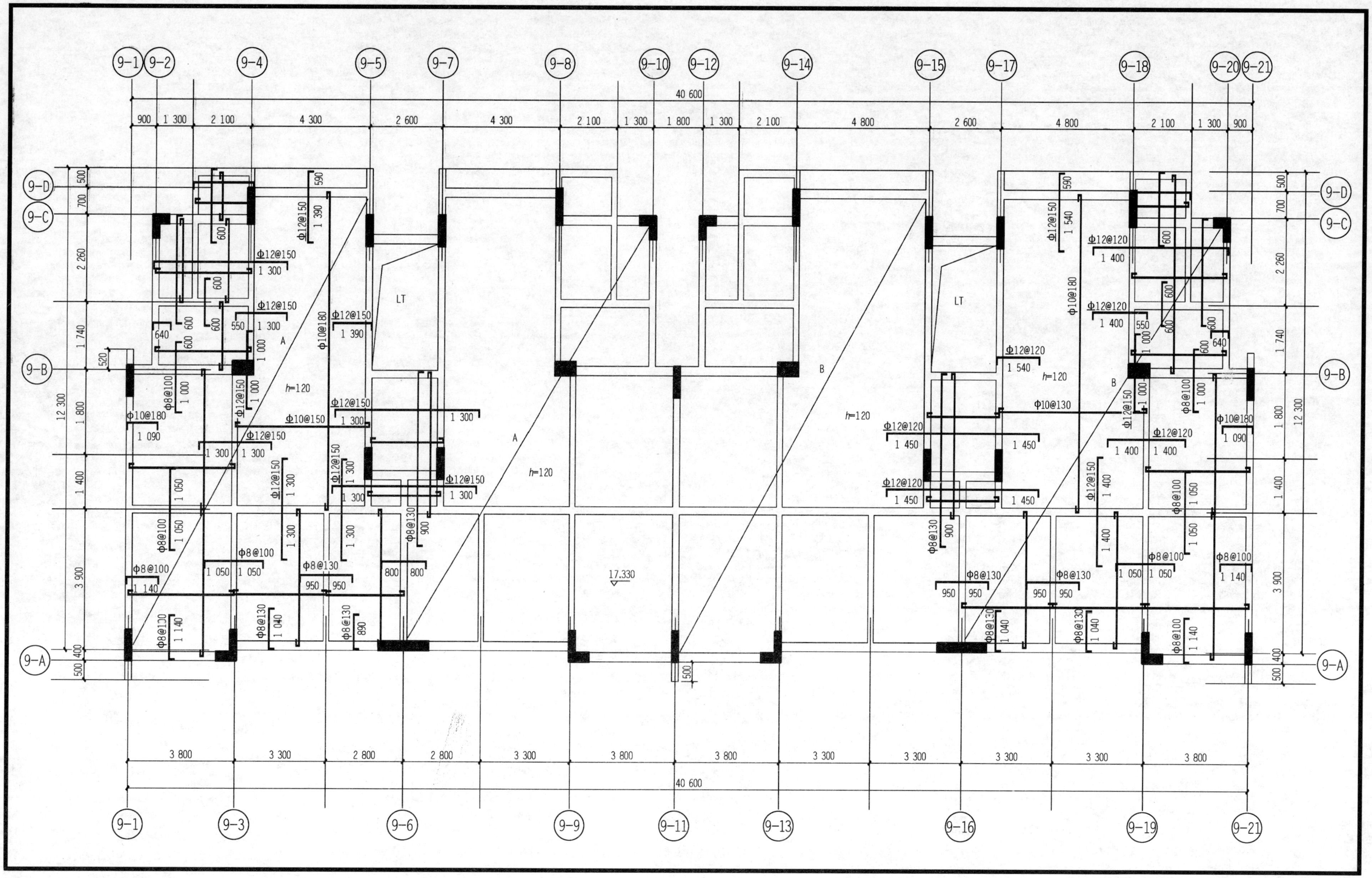

 班级: 学号: 姓名: 审阅:

屋面梁配筋图

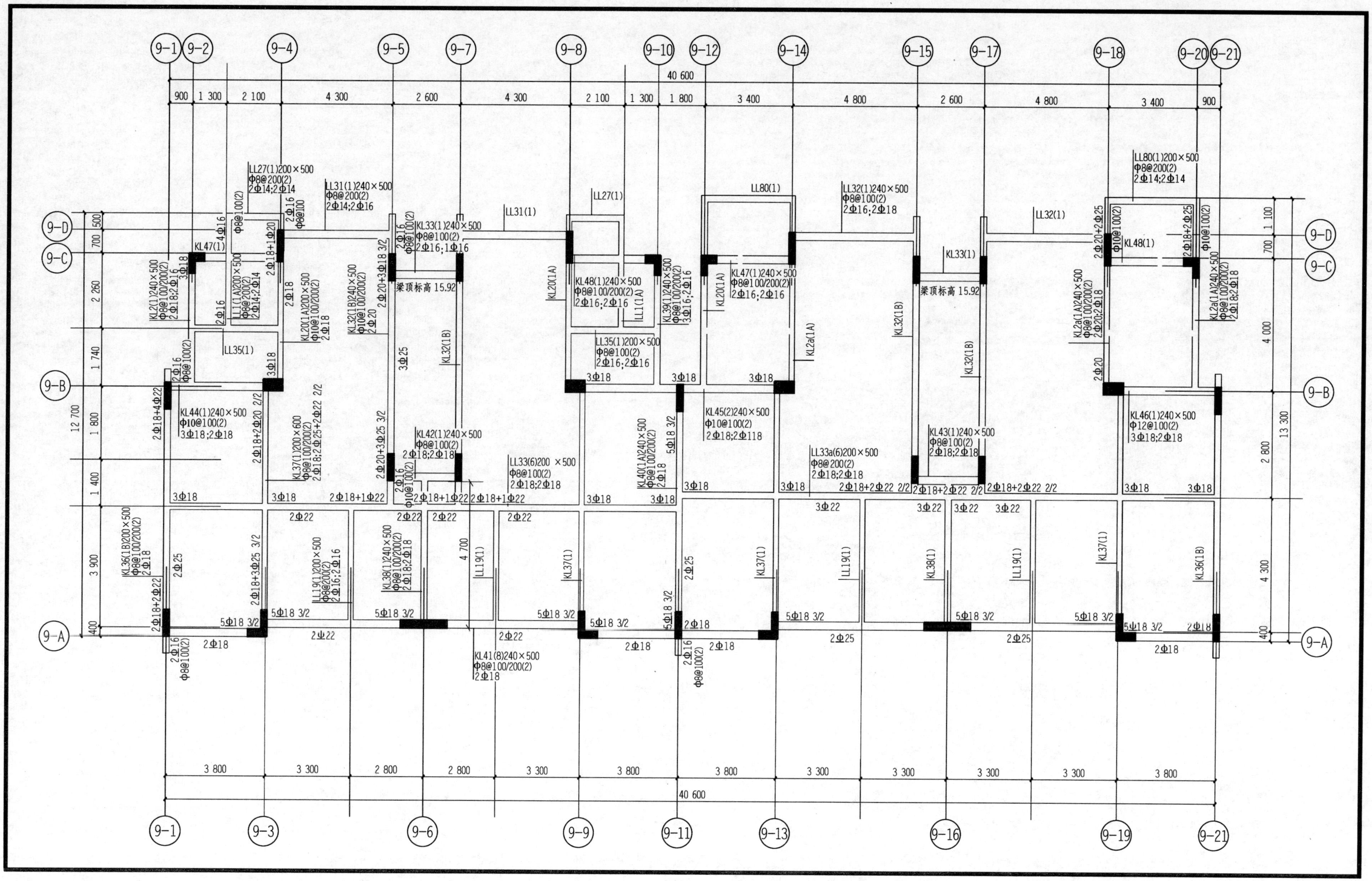

 班级: 学号: 姓名: 审阅:

第11章　给排水工程图

识读给排水工程图（一）

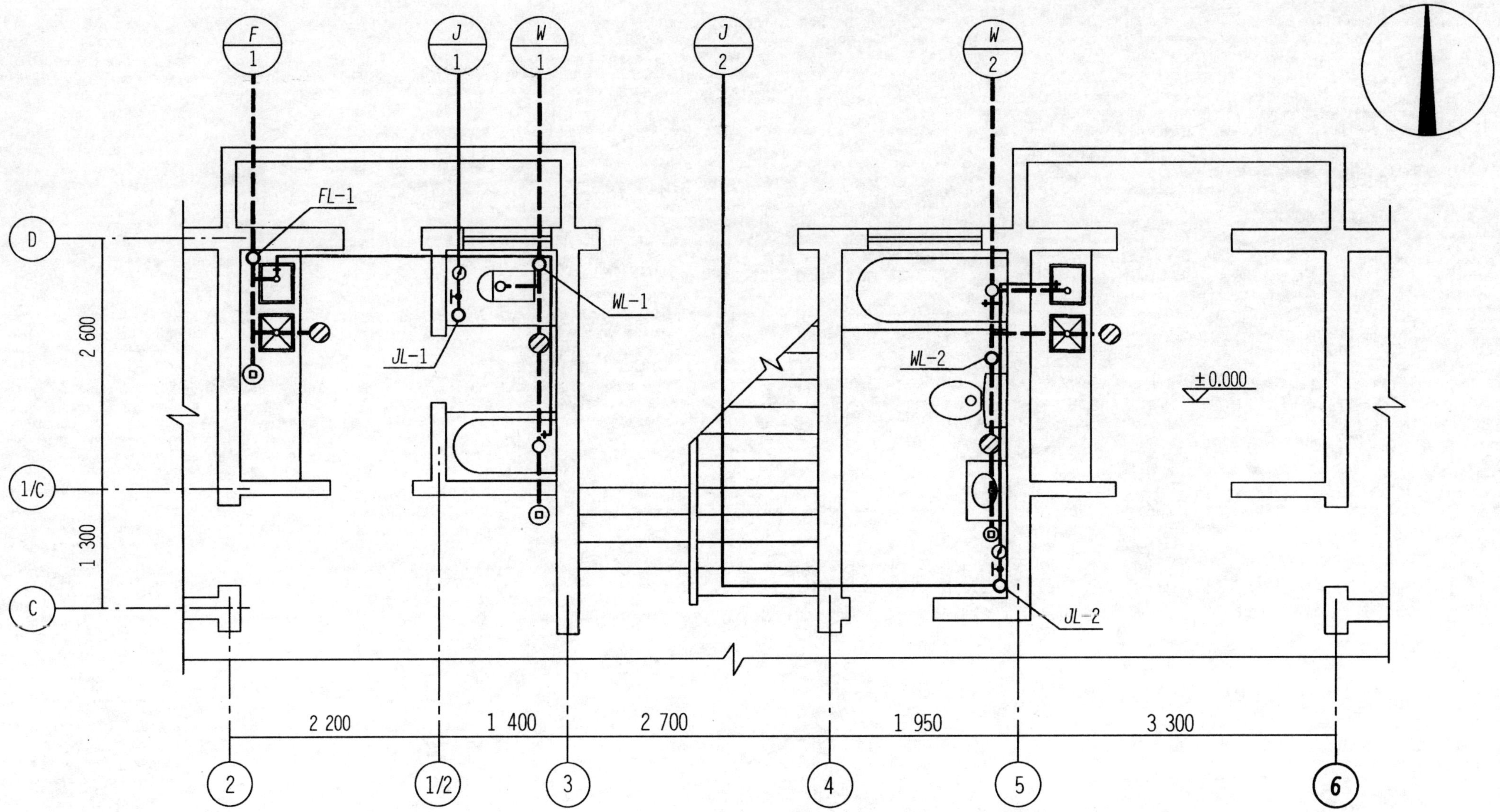

底层给排水平面图

班级:　　学号:　　姓名:　　审阅:

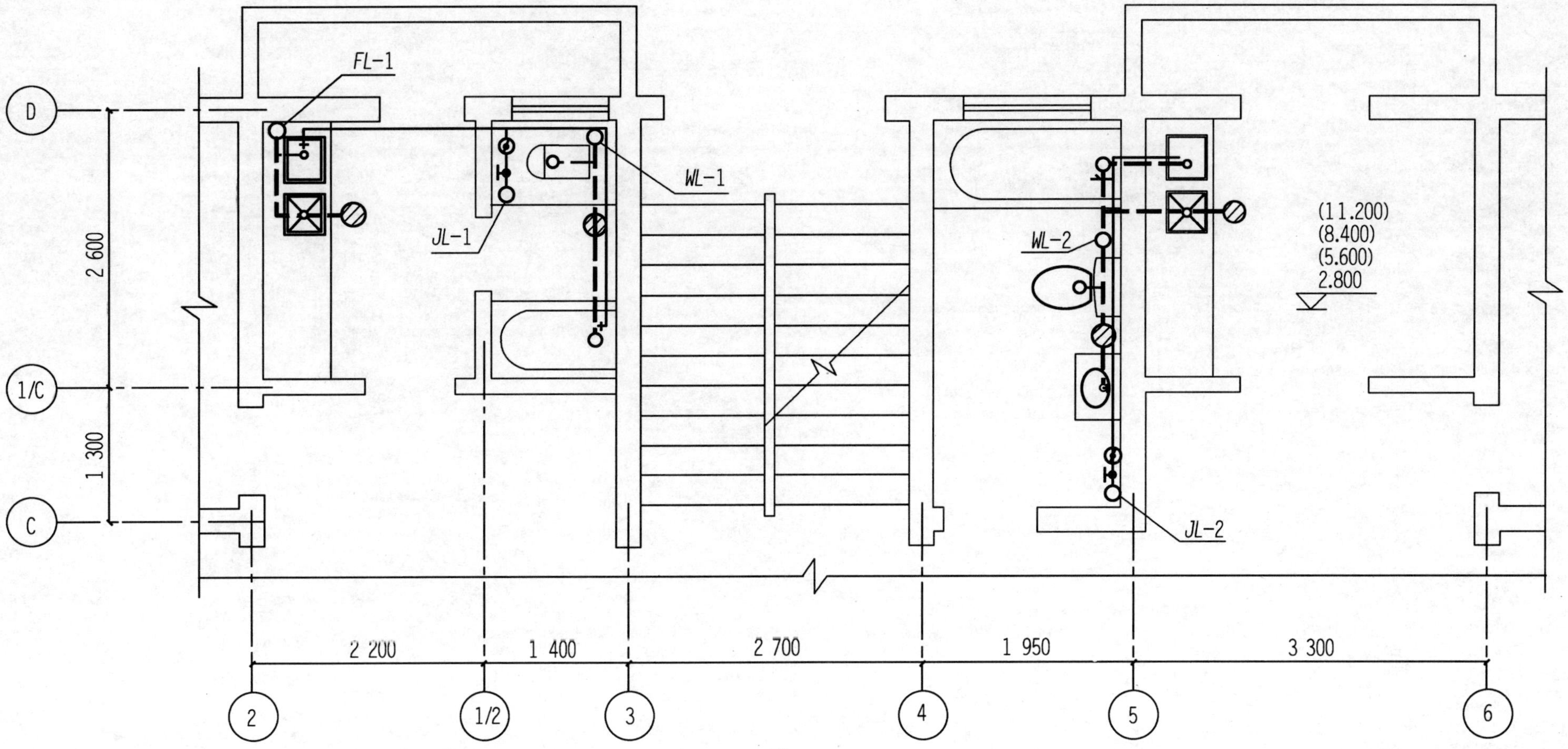

二~五层给排水平面图

班级: 学号: 姓名: 审阅:

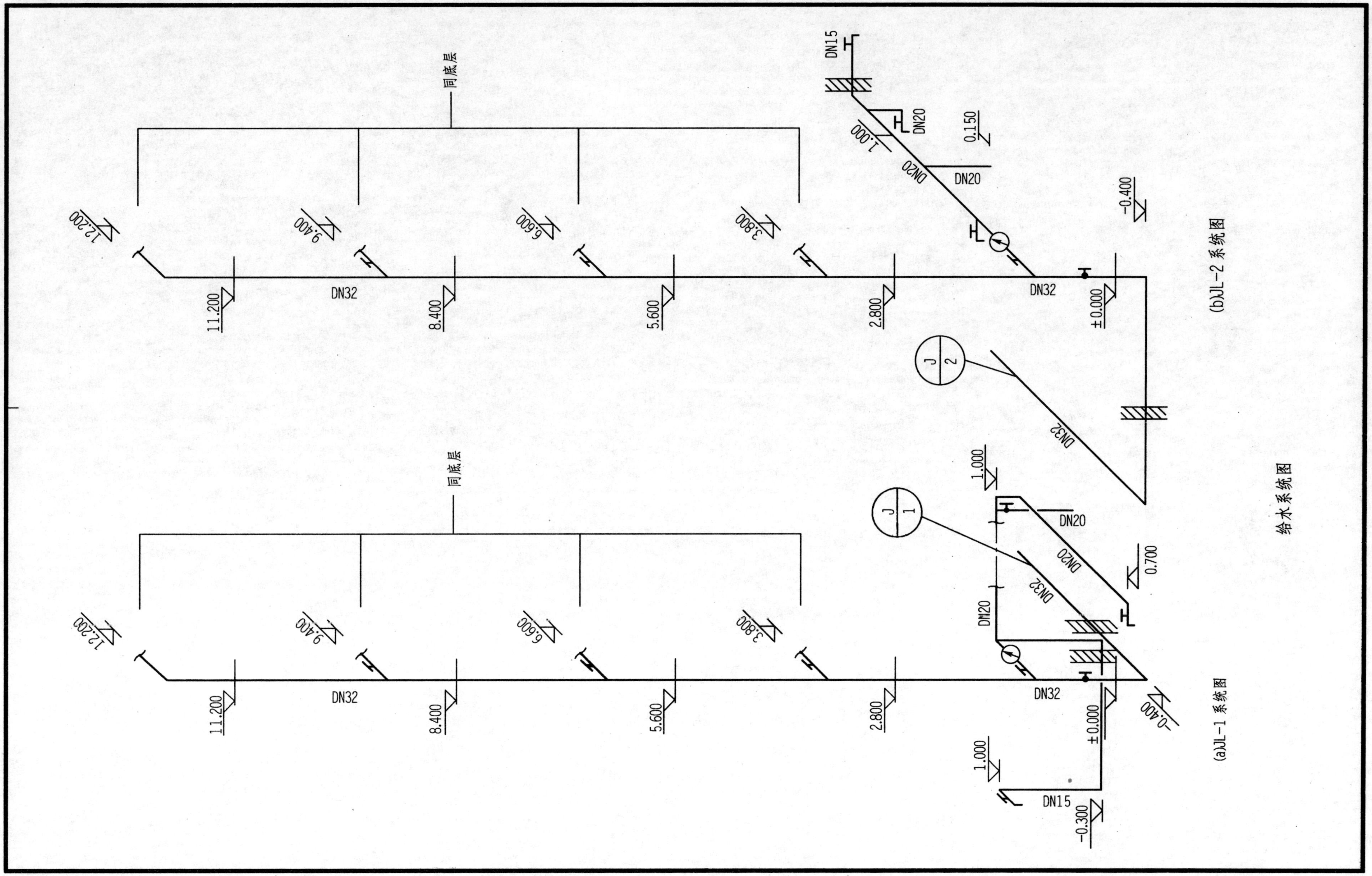
给水系统图
(a)JL-1 系统图
(b)JL-2 系统图
同底层
DN32
DN20
DN15
12.200
11.200
9.400
8.400
6.600
5.600
3.800
2.800
±0.000
-0.400
-0.300
1.000
0.700
0.150
J
1
2

 班级： 学号： 姓名： 审阅：

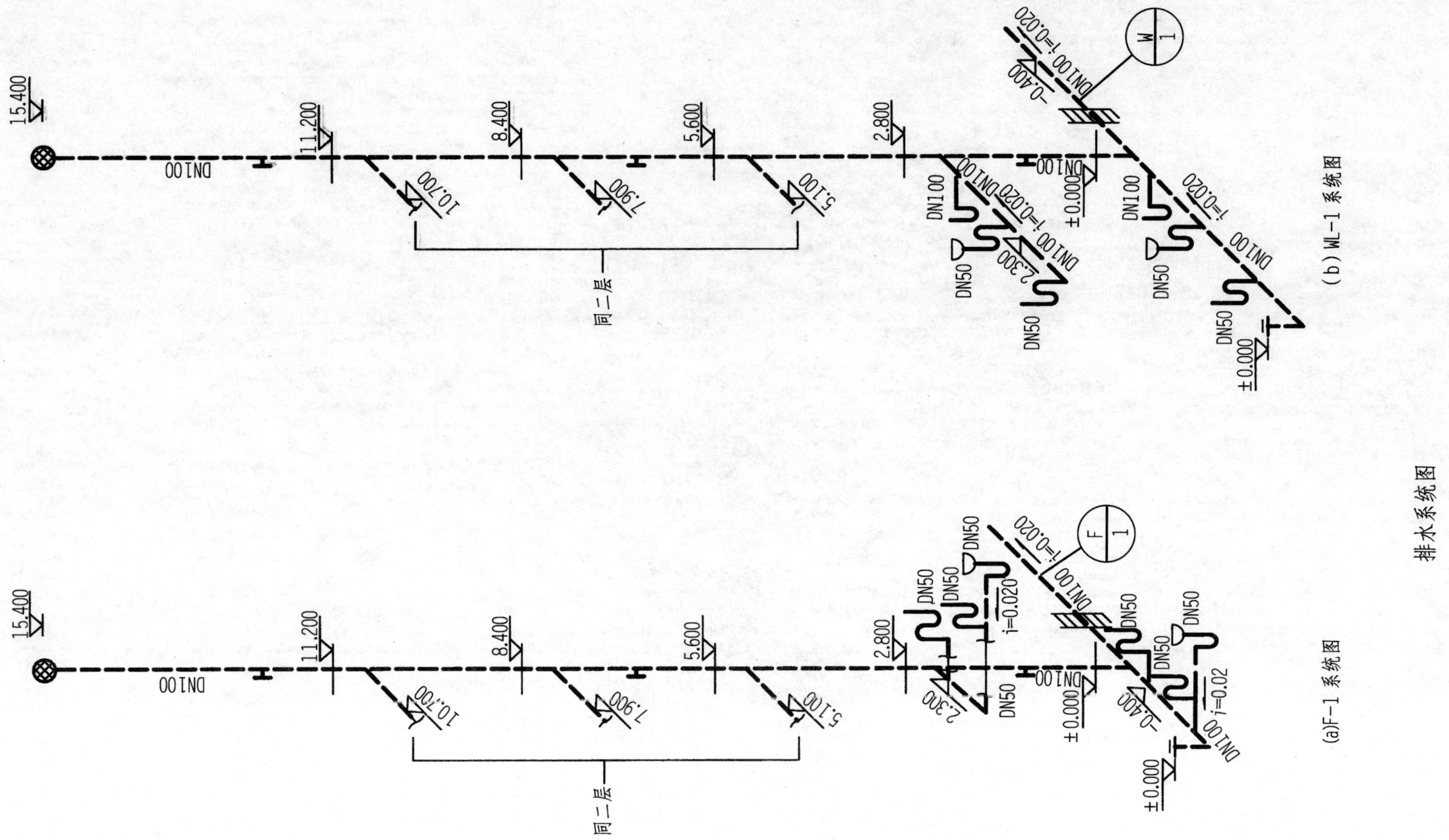

(a)F-1 系统图

(b)WL-1 系统图

排水系统图

识读供暖施工图（一）

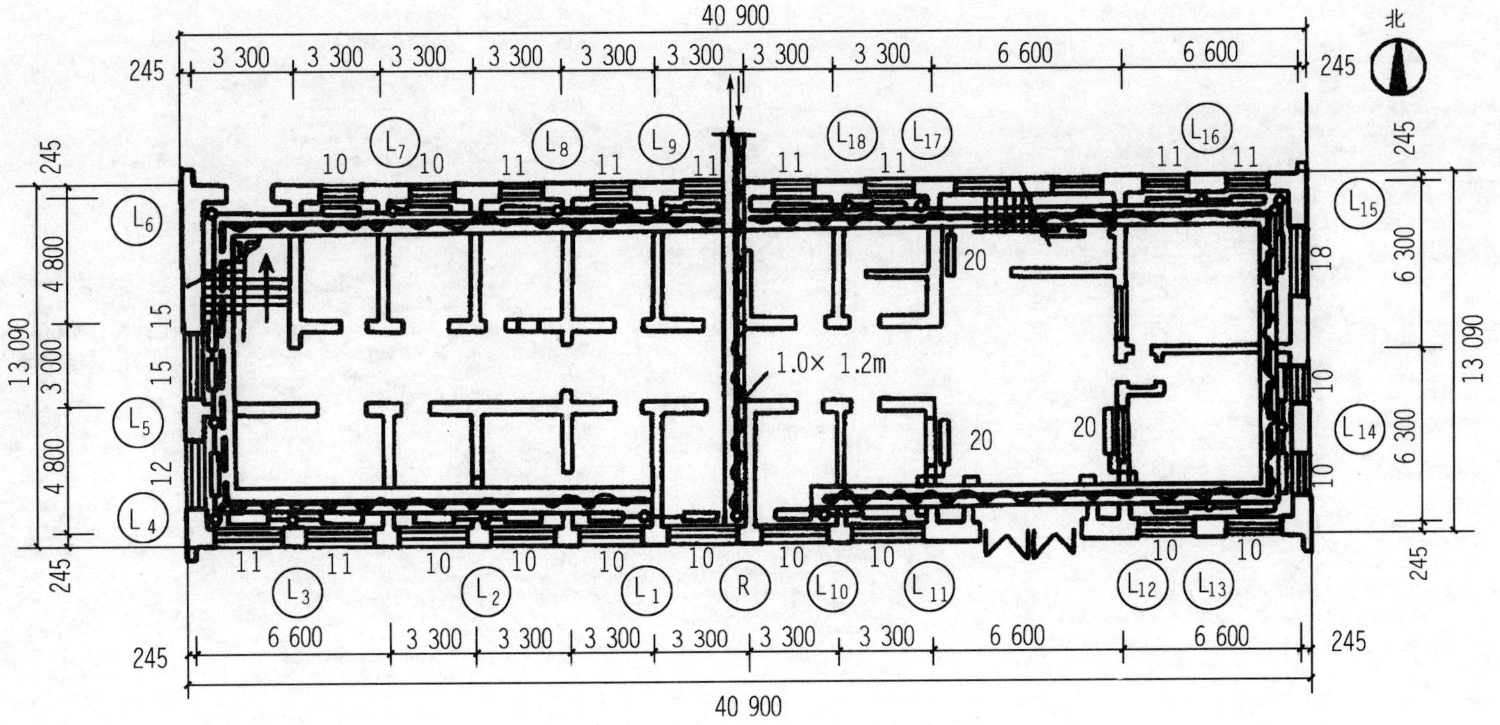

一层采暖平面图

班级: 学号: 姓名: 审阅:

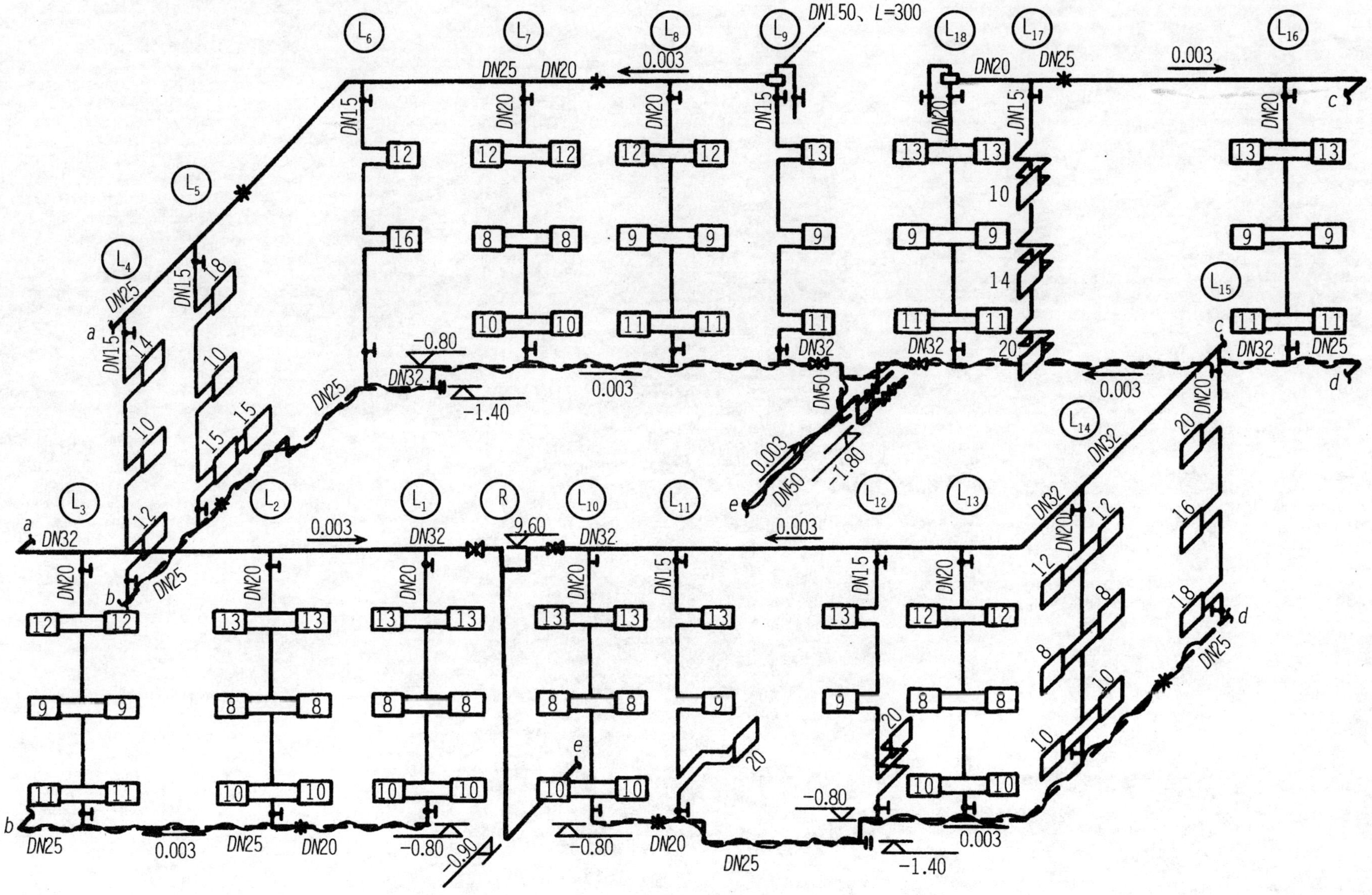
L1
L2
L3
L4
L5
L6
L7
L8
L9
L10
L11
L12
L13
L14
L15
L16
L17
L18
R
DN150、L=300
DN15
DN20
DN25
DN32
DN50
0.003
9.60
-0.80
-0.90
-1.40
-1.80
a
b
c
d
e
8
9
10
11
12
13
14
15
16
18
20

采暖系统轴测图

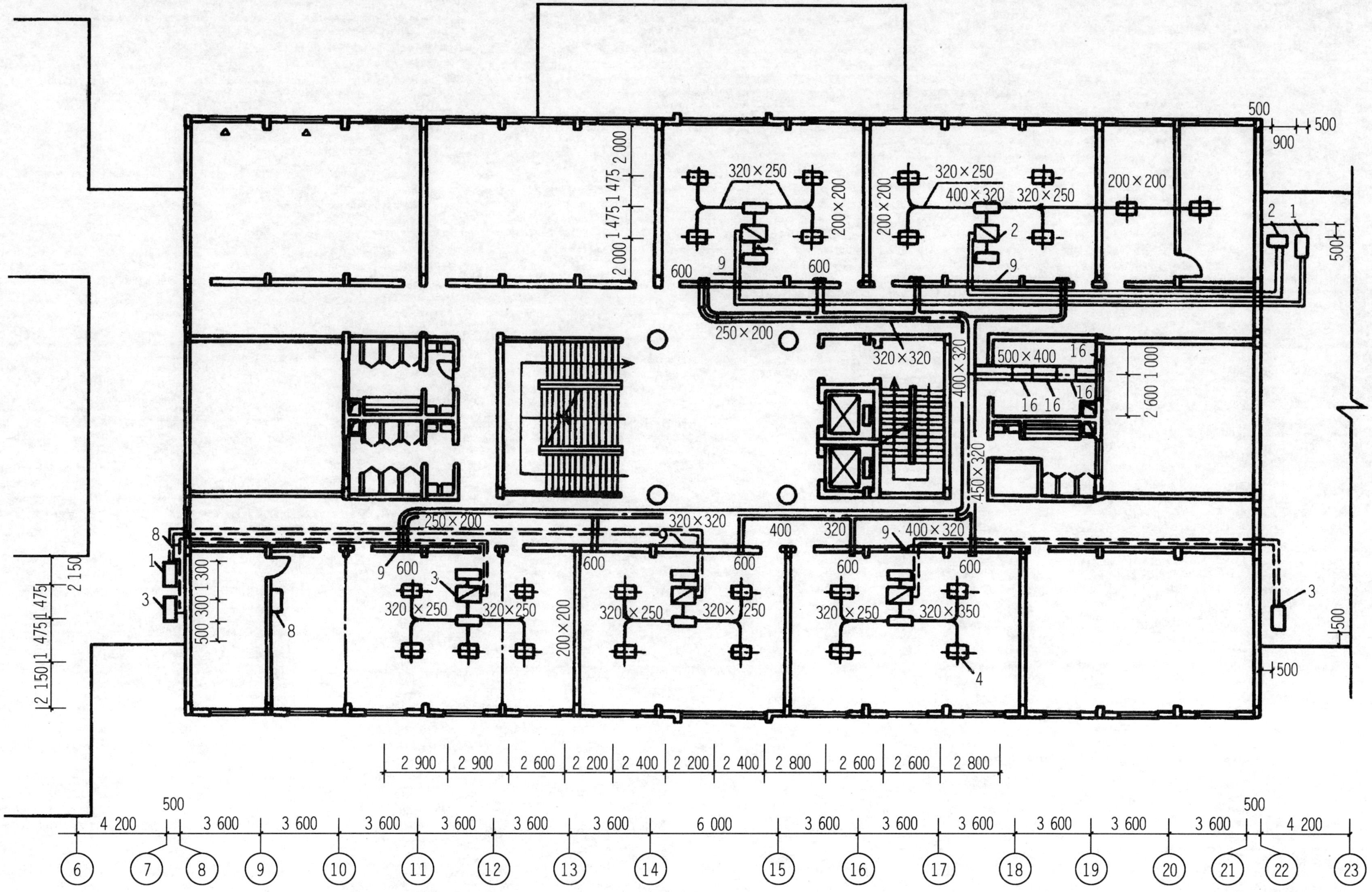

空调系统平面图

班级:　学号:　姓名:　审阅:

第13章 电气工程图

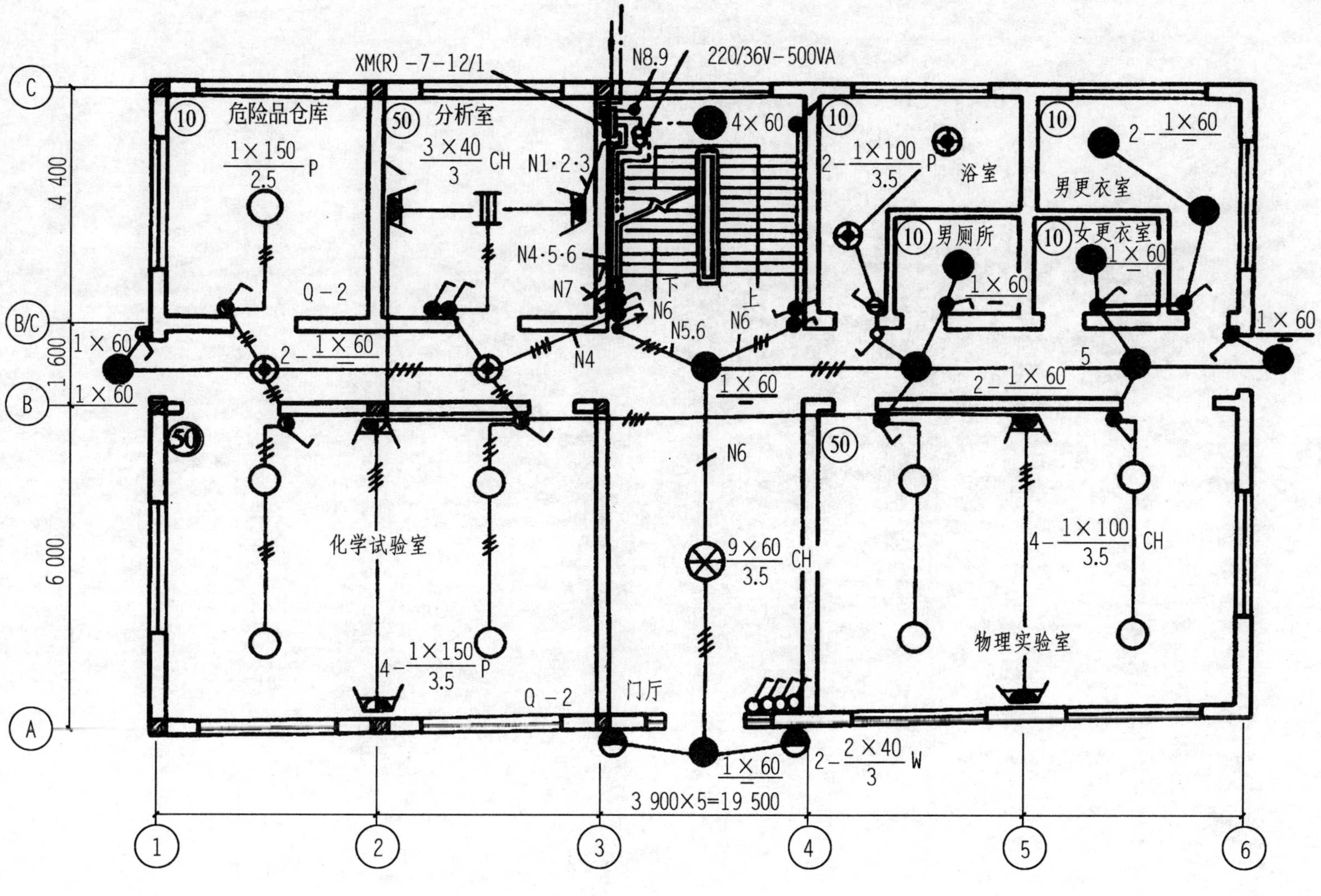

一层照明平面图

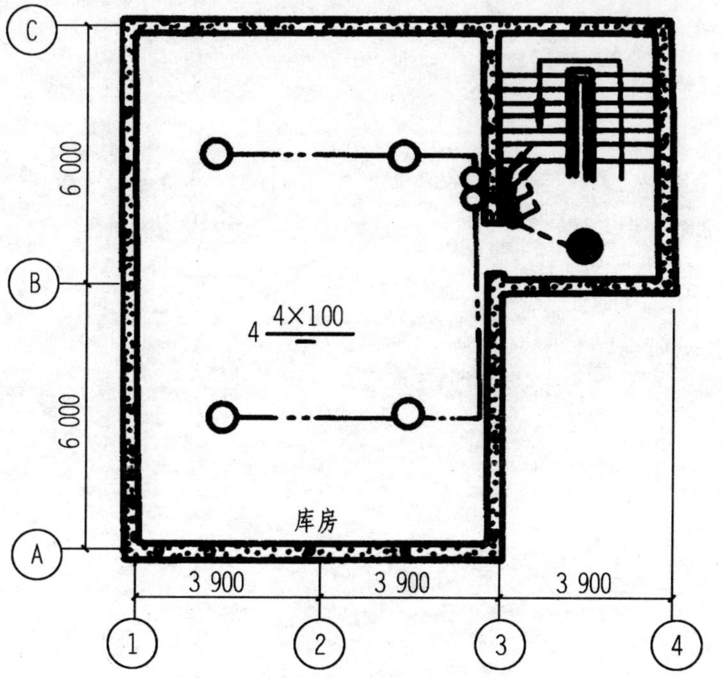

地下室照明平面图

 班级： 学号： 姓名： 审阅：

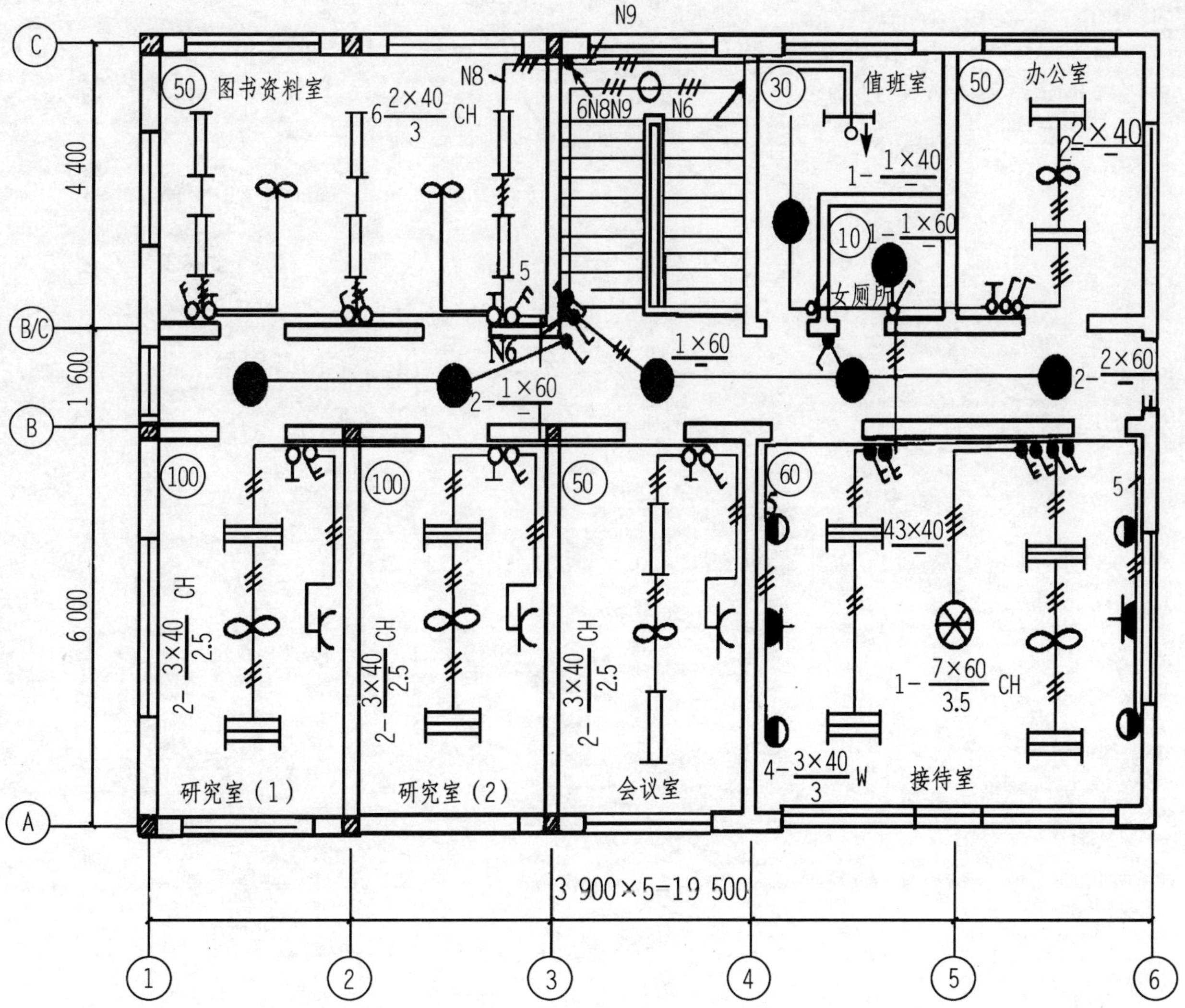

二层照明平面图

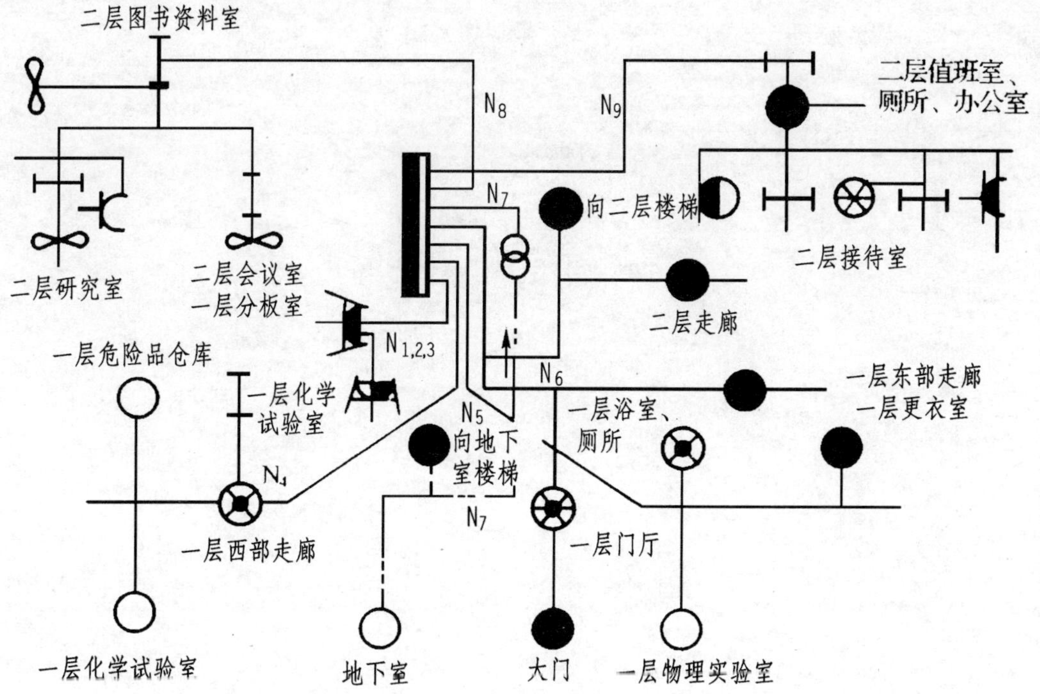

各支路配电示意图

第14章 路桥工程施工图

填空题

1. 道路路线设计的最后结果是以________、________和________来表达的。
2. 城市以外或在城市郊区的道路称为________，位于城市范围内的道路称为________。
3. ________和________是修建道路时，保证车辆通过江河、山谷、低洼地带和宣泄水流的建筑物。
4. 路线长度用————表示，里程由左向右递增。路线左侧设有“________”标记，表示为公里桩号，右侧设有百米桩标记“________”，数字写在短细线端部，字头朝向________。
5. 画出下列常用地貌地物的图例

房屋　　水稻田　　经济林　　桥梁　　涵洞

6. 路线纵断面图是通过道路中心线用假想的________进行剖切展平后获得的。
7. 路线纵断面图包括________和________两部分。
8. 路基横断面的地面线一律画成________，设计线一律画成________。
9. 道路纵断面图中，如果横坐标的比例为1:1 000,则纵坐标的比例为________。
10. 在设计线纵坡变更处，需设置________，以利用汽车平稳行驶。
11. 在工程上，________图是主要用来计算路基土石方量和路基施工时的依据。
12. 路基横断面图有________、________和________三种基本形式。
13. 绘制路基横断面图时应遵循________、________的顺序。
14. 桥梁通常由________、________和________三部分组成。
15. ________和构件图是指导桥梁施工的最主要图样。
16. 涵洞的关键部位是洞口，常见的洞口形式有________、________和________等。
17. 按构造型式可将涵洞分为________、________、________和________等。
18. 标出以下三个路基横断面图的路基中心标高（下方数字）。

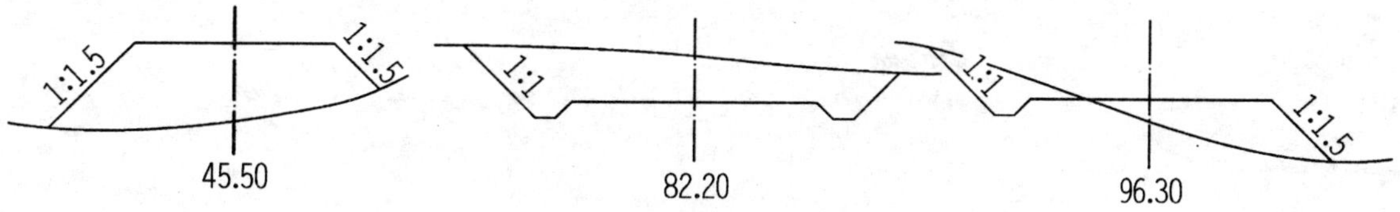

（单位：m）

选择题

1. 路线平面图中，里程桩号标记在路线的（　）。
   A. 左侧　　B. 右侧　　C. 下方
2. 路线纵断面图中，设计线用（　）。
   A. 粗实线　　B. 不规则细折线　　C. 曲线　　D. 细实线
3. 道路路线工程图的平面图以（　）表示。
   A. 地形图　　B. 横断面图　　C. 纵向展开断面图
4. 为了排除路基范围内及流向路基的少量地面水，可设置（　）。
   A. 排水沟　　B. 急流槽　　C. 边沟　　C. 天沟
5. 路线走向规定（　）。
   A. 由左向右　　B. 由右向左　　C. 由下向上　　D. 由上向下
6. 路基横断面的地面线一律画成（　），设计线一律画成（　）。
   A. 细实线　　B. 粗实线　　C. 曲线
7. 设计路线的中心线通常用（　）表示，而与设计路线进行方案比较的比较线则用（　）来表示。
   A. 加粗的粗实线　　B. 加粗粗虚线　　C. 粗实线　　D. 细虚线
8. 路线所在地带的地形起伏情况及其变化程度是用等高线来表示的。等高线密集，表示地形（　）；等高线稀疏，表示地势（　）。
   A. 平缓　　B. 陡峻　　C. 无法判定
9. 埋在路基内横穿路基且单孔径小于5m用以宣泄小量流水的构筑物称为（　）。
   A. 隧道　　B. 涵洞　　C. 通道
10. 《道路工程制图标准》(GB 50162—92）规定尺寸起止符采用（　）。
   A. 单边箭头　　B. 斜短线表示　　C. 二者均可

　　班级:　　学号:　　姓名:　　审阅:

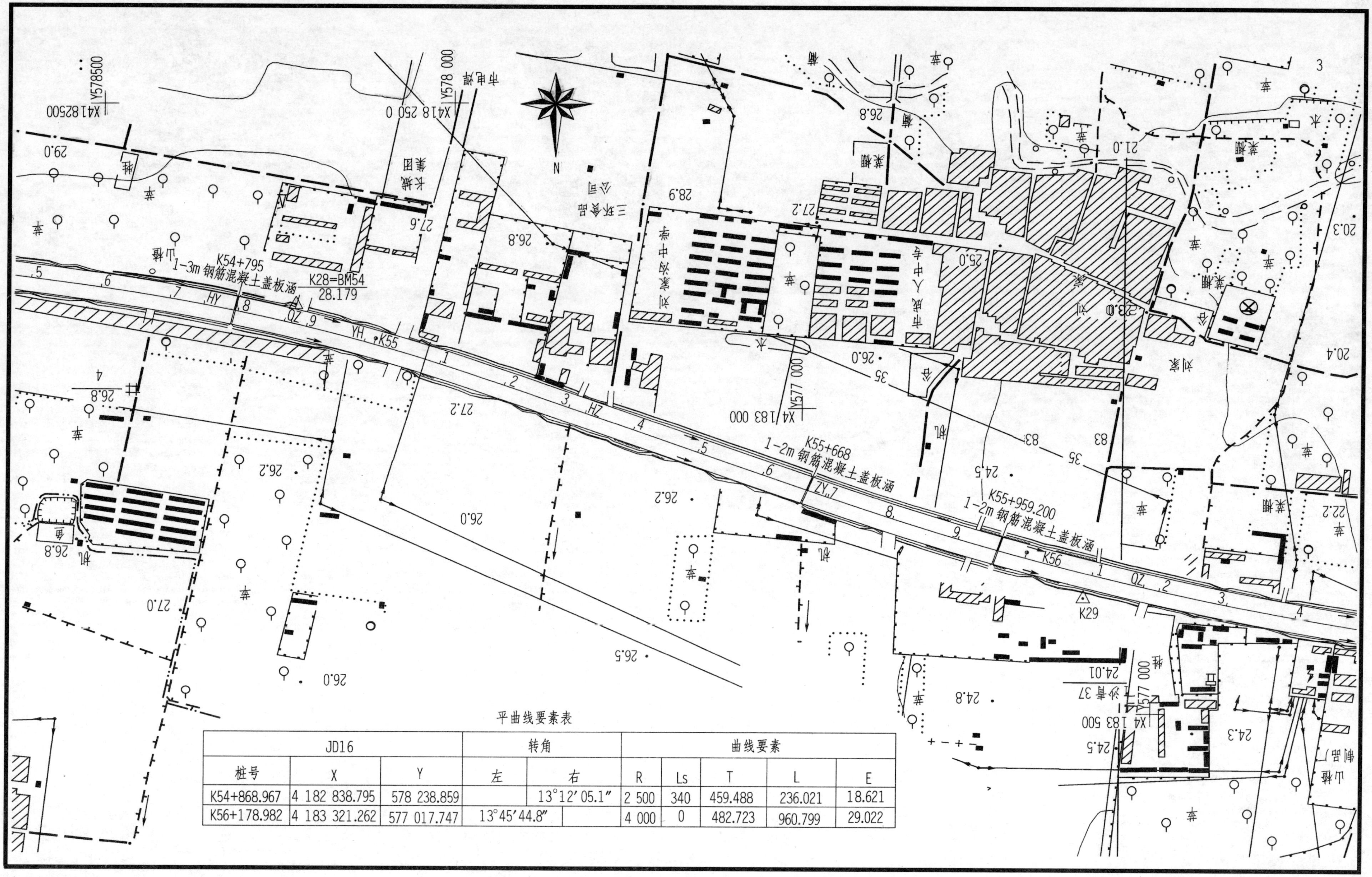

平曲线要素表

JD16			转角		曲线要素				
桩号	X	Y	左	右	R	Ls	T	L	E
K54+868.967	4 182 838.795	578 238.859		13°12′05.1″	2 500	340	459.488	236.021	18.621
K56+178.982	4 183 321.262	577 017.747	13°45′44.8″		4 000	0	482.723	960.799	29.022

班级：　　　学号：　　　姓名：　　　审阅：

补绘纵断面图中的地面线

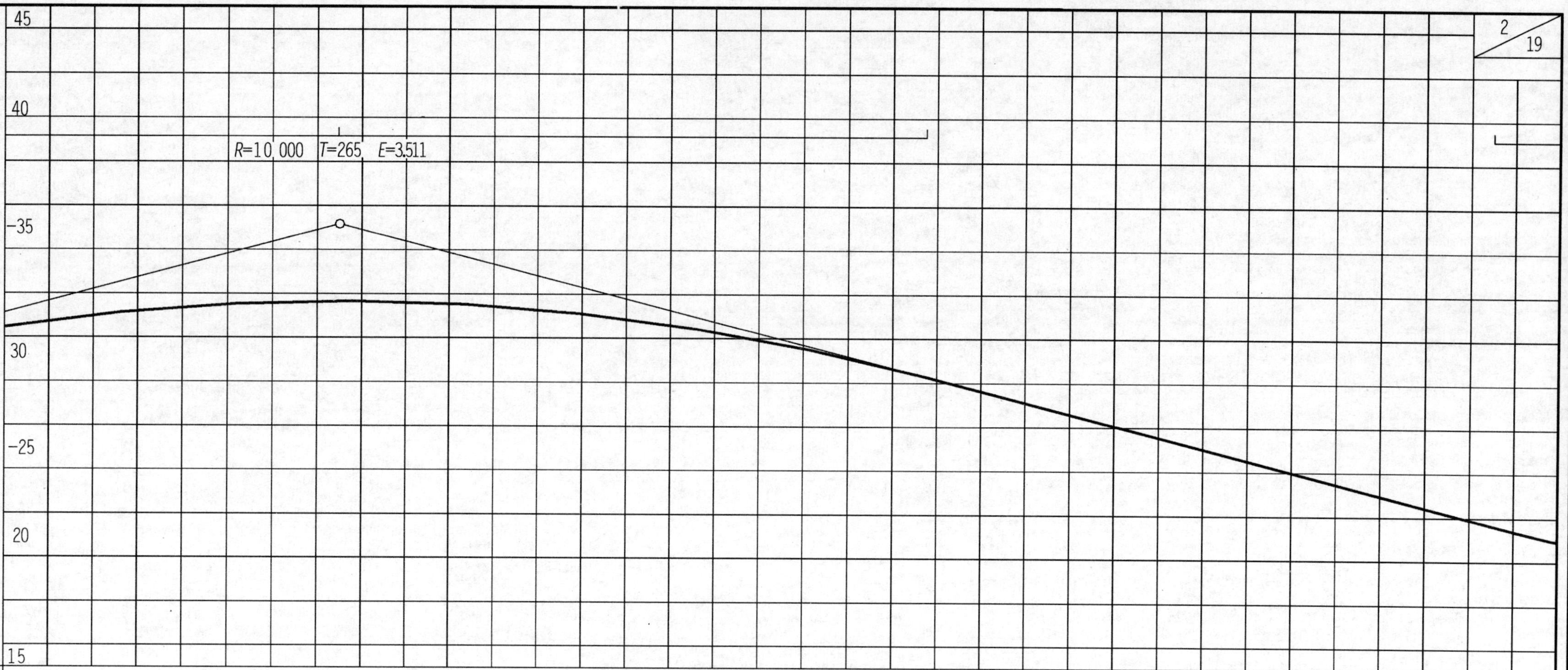

横向 1∶2 000

纵向 1∶200

地质概况：地形起伏较大，属丘陵地貌。表层为 0 ~ 1.5m 填筑土，下为亚黏土及花岗岩。

坡度(%)/坡长(m)：2.700% 150(800)；35.170 +350.000；−2.600% 550(650)

桩号	设计高	地面高	填挖高
K28+200.000	30.459	30.71	−0.25
+202.600	30.499	31.86	−1.36
+220.000	30.749	31.86	−1.11
+240.000	30.999	32.19	−1.19
+260.000	31.209	32.34	−1.13
+286.071	31.423	32.70	−1.28
+300.000	31.509	32.86	−1.35
+320.000	31.599	33.11	−1.51
+340.000	31.649	33.51	−1.86
+360.000	31.659	34.03	−2.37
+380.000	31.629	34.57	−2.94
+400.000	31.559	35.55	−3.99
+420.000	31.449	35.58	−4.13
+440.000	31.299	35.55	−4.25
+460.000	31.109	35.05	−3.94
+480.000	30.879	34.99	−4.11
+500.000	30.609	34.21	−3.60
+513.000	30.412	34.21	−3.80
+515.500	30.372	33.34	−2.94
+520.000	30.299	33.34	−3.04
+533.452	30.068	33.34	−3.27
+560.000	29.559	33.88	−4.32
+565.000	29.455	33.69	−4.24
+568.000	29.392	32.09	−2.70
+580.000	29.129	31.89	−2.76
+600.000	28.659	31.61	−2.95
+620.000	28.150	30.83	−2.68
+625.000	28.020	30.03	−2.01
+627.000	27.968	30.45	−2.48
+631.000	27.864	30.27	−2.41
+640.000	27.630	30.14	−2.51
+660.000	27.110	29.66	−2.55
+680.000	26.590	28.97	−2.38
+700.000	26.070	28.29	−2.22
+710.000	25.810	27.70	−1.89
+720.000	25.550	27.42	−1.87
+740.000	25.030	26.86	−1.83
+760.000	24.510	26.15	−1.64
+773.452	24.160	25.77	−1.61
+780.000	23.990	25.57	−1.58
+782.800	23.917	25.47	−1.55
+787.000	23.808	24.43	−0.62
+800.000	23.470	23.65	−0.18
+830.000	22.690	22.61	+0.08
+850.000	22.170	21.49	+0.68
+862.000	21.858	21.61	+0.25
+870.000	21.650	20.71	+0.94
K28+890.00	21.150	19.94	+1.21

平曲线：JD5 R=2 000.000；A=692.820

班级： 学号： 姓名： 审阅：